ANIMAL ETHNOGRAPHY

新・動物記 | 2

武器を持たないチョウの戦い方

ライバルの見えない世界で

竹内 剛

TAKEUCHI TSUYOSHI

京都大学学術出版会

渓流沿いにできた林の切れ間で、二頭のチョウがずっとお互いを追いかけ合っている。何とも奇妙な、雄たちの縄張り争いだ。沢のせせらぎを聞きながら彼らの営みを見ていると、学生の頃に研究室の教授から聞いた言葉を思い出す。

「今の動物の研究は人間の視点でやっていて、動物の視点になっていない」

残念ながら、学生時代の私にはピンとこなかったので、この言葉を意識することはなかった。しかし、チョウの縄張り行動を調べているうちに、私はいつの間にか、彼らが認識する世界を探っていた。人間には不可解な行動をするチョウにとっては、人間が見ているのとはまったく違う世界があるのではないか?

とって、縄張りとなる場所や争っている相手はどう映っているのだろう。そこにはただお互いを追いかける縄張り争い。相手を攻撃するでもなく、延々
何かを発見するだけでなく、世界の見方が変わる瞬間が訪れること、それこそが研究の醍醐味なのである。

長野県楢川村（現塩尻市）
鳥居峠付近の渓谷

卵　直径約1mm。サクラ類の細い枝の分岐部によく産まれている。卵は夏に産まれ、秋、冬を越す。（撮影：長谷川大）

幼虫　春に卵から孵った幼虫は、サクラ類の葉や花を食べる。3回脱皮すると終齢幼虫となる。写真は終齢幼虫。

蛹　終齢幼虫が脱皮すると蛹になる。蛹の中で成虫の体ができると、殻を破ってチョウが羽化する。（撮影：工藤誠也）

雄の翅表は緑色に輝く。
（撮影：左合直）

緑色に輝く部分の鱗粉はカールしている。

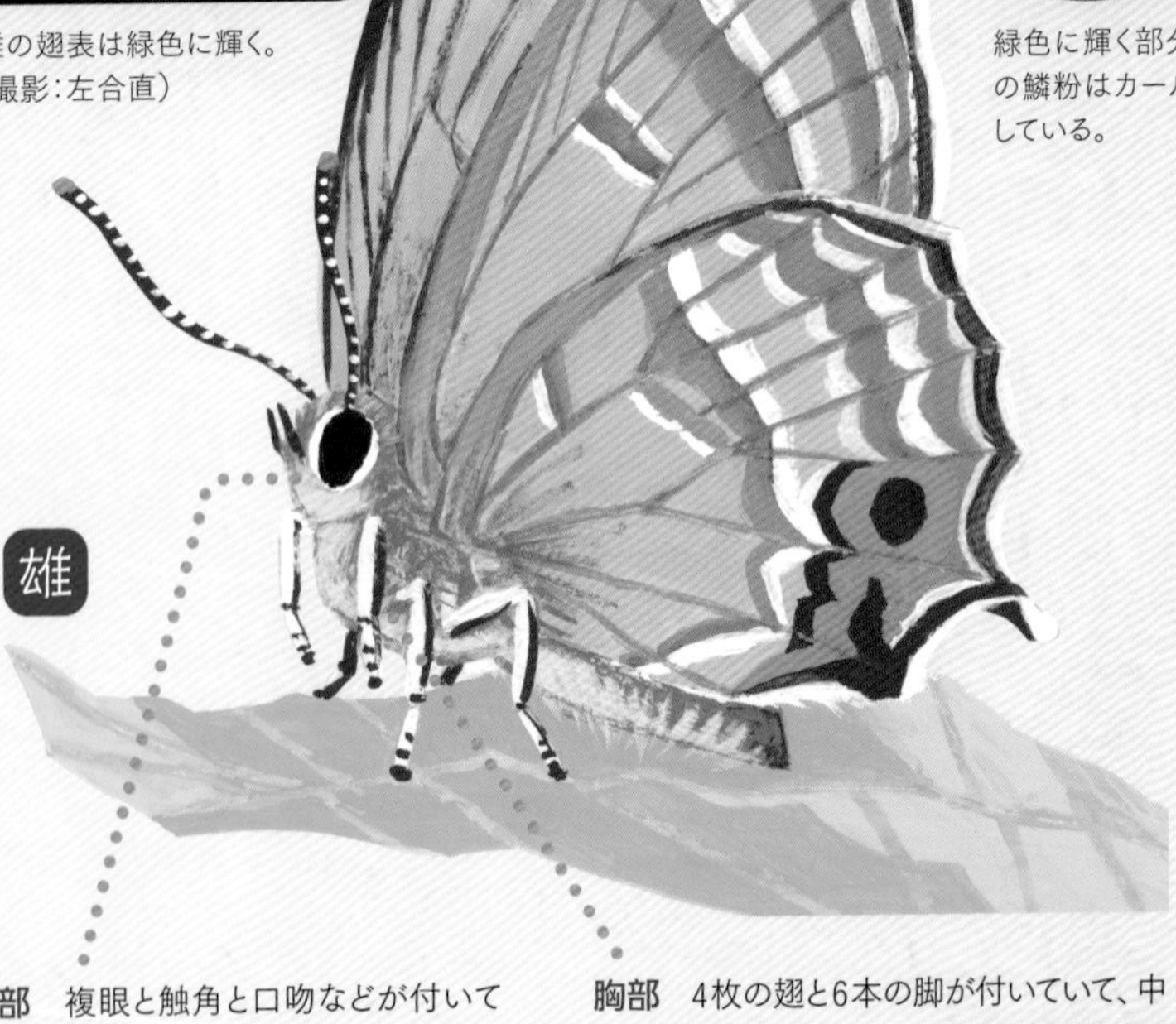

頭部　複眼と触角と口吻などが付いている。口吻はストロー状で、液体を吸う（p.70）。雄の方が雌よりも複眼が大きい。

胸部　4枚の翅と6本の脚が付いていて、中は飛翔筋が詰まっている。雄の方が飛翔筋が発達しており、雌よりも胸部は大きい。

研究対象紹介

本書には他に3種の研究対象種が登場する。体の作りは4種とも基本的に同じだが、他の3種は雄と雌の翅の斑紋があまり違わない。

メスアカミドリシジミ

Chrysozephyrus smaragdinus

昆虫綱鱗翅目シジミチョウ科

分 布 北海道、本州、四国、九州、国外ではロシア南東部から朝鮮半島、中国東北部

成虫の出現期 主に6～7月

大きさ 翅を開くと雄雌ともに3cmくらい

複眼　小さな個眼が集まってできている。本種は複眼に毛が生えているが、生えていない種もいる。毛は複眼を保護しているのかもしれないが、よくわかっていない。

翅　表裏ともに鱗粉に覆われている。飛ぶときは、前翅と後翅を合わせて羽ばたく。静止している時はだいたい翅を閉じているが、縄張り行動や日光浴をするときは、翅を開くことが多い。

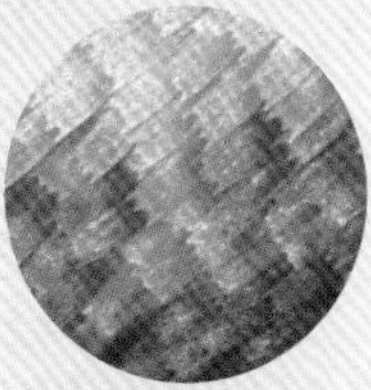

雌の翅の鱗粉は普通の平らな形。

雌の翅表は黒地に橙色斑。

腹部　消化管や生殖器が入っている。雌には発達した卵巣があるため、腹部は雄よりも雌の方が大きい。

開けた山頂に縄張りを
構えるキアゲハの雄

チョウの縄張り行動

見張る

さまざまなチョウで、雄に縄張りがある。種によって雄が縄張りを構える場所は異なるが、そこでの行動はどの種でもよく似ている。雄は開けた空間を向いて静止し、飛翔物体が通過すると、飛び立って追いかける。

メスアカミドリシジミの縄張りになりやすい、沢の上に広がる小規模な空間

縄張りを構えるメスアカミドリシジミの雄。空間の方を向いて枝先に静止している。

メスアカミドリシジミの卍巴飛翔

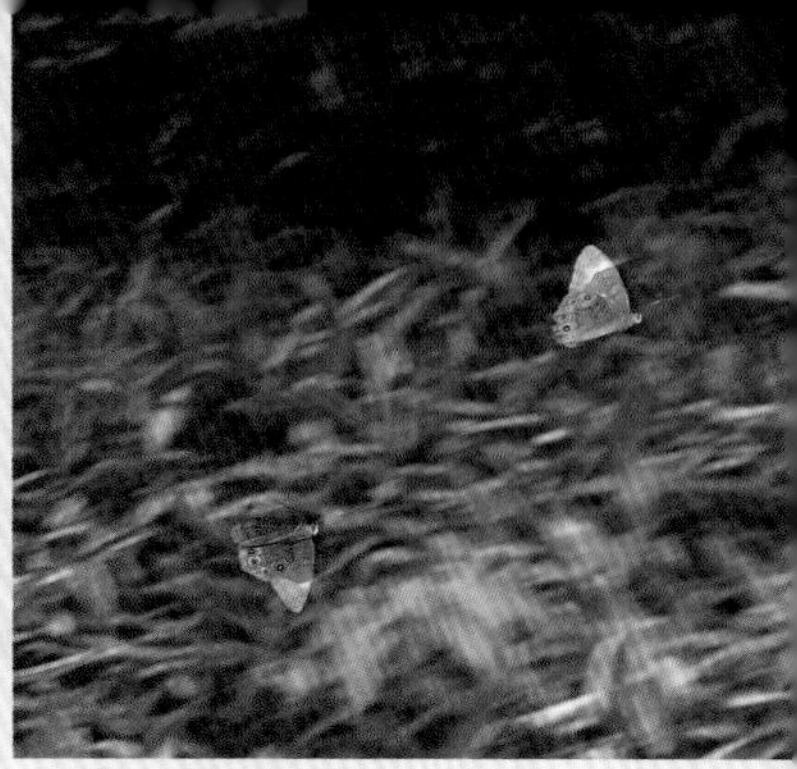

クロヒカゲの追尾(撮影:難波正幸)

ギフチョウの交尾(上が雌、下が雄)

クロヒカゲの交尾(上が雌、下が雄)

雄同士の不思議な争い

同種の雄が縄張りを横切ると、縄張りを構えている雄はそれに向かって飛び立つ。相手も追いかけてくるので、円を描くようにお互いを追いかけ合う卍巴飛翔や、片方の雄がもう片方の雄を追う追尾になる。最後には片方の雄が飛び去り、もう片方が戻ってきて縄張り行動を続ける。したがって、この行動は縄張り争いだと説明されてきた。しかし、相手を攻撃しないのになぜ「争い」が成り立つのか?それが本書の核心となる問いである。

求愛と交尾

同種の雌が縄張りを横切ると、縄張りを構えている雄はそれを追いかける。雌が付近の枝先などに静止すると、追いかけていた雄もその傍らに静止し、交尾する。一般に空中では交尾を開始できないので、雌が止まらずに飛び去ると交尾は成立しない。交尾をしている状態で飛ぶペアを見ることがあるが、これは交尾開始後に雌が雄をぶら下げて飛び立った場合が多い。

本書に登場するチョウ

（雌と書かれていない写真はすべて雄）

日本にはゼフィルスとよばれるシジミチョウが25種生息している。メスアカミドリシジミもその1種。　[1段目]左からウラナミアカシジミ、ウラクロシジミ（撮影：左合直）、ミドリシジミ（撮影：児玉憲一）[2段目]左からアイノミドリシジミ（撮影：左合直）、ウラジロミドリシジミ、オオミドリシジミ

キアゲハ（撮影：三輪成雄）

チョウは人目にはカラフルで、それがチョウの間でもコミュニケーション機能を持っていると考えたくなる。しかし、チョウの眼にどう見えているかはわからない。

ギフチョウ

クロヒカゲ（撮影：三輪成雄）

Anthocharis damone

目次

きっとここを見ている人は、本書を読もうか読むまいかと考えているに違いない。そんな方の判断の一助となるように、最初に本書の概略をまとめておこう。

新・動物記シリーズのコンセプトは、フィールドワークの様子をみずみずしく伝えることである。したがって、野外でチョウの行動を調べた私のリアルな体験を通して、日本の四季折々に姿を現す、魅力的なチョウたちの姿を記すことを心掛けた。しかし、本書は単なるチョウの観察日記ではない。武器を持たないチョウという動物に、なぜ闘争が成り立つのかをテーマにした、私の一連の研究をまとめたものである。

昔から、さまざまな種のチョウの雄が、山頂や林内の陽だまりなどで待ちぶせをして、飛来した雌と交尾することが知られていた。そのような場所で雄同士が出くわすと、その場所をめぐって縄張り争いになる。といっても、相手を物理的に攻撃することはほぼなく、二頭がお互いを追いかけるようにくるくる回転する卍巴飛翔や直線的な追いかけ合いを行い、先に切り上げた方が縄張りから去る、という闘争である。チョウの縄張り争いの様子を、言葉で正確に伝えるのは難しいが、2章に登場するメスアカミドリシジミの卍巴飛翔の動画を参照できるので、ぜひ見てほしい（62ページ）。また、YouTubeで「卍巴飛翔」などをキーワードに指定して検索すると、動画がたくさん出てくる。

このようなチョウの行動は、野山に出かければ誰でも観察できる。しかし、相手を攻撃しないのに闘争が成立するのは不思議なことである。いったい彼らは何を競っているのだろう？　私は、このことに興味を持って、今日までフィールドワークを続けてきた。その結果、チョウにはライバル（同性）という認識がないために縄張り争いが成り立つ、という驚きの結論に達した。さらに、その結論を認めると、これまで謎だったチョウの他の行動までもが説明できるようになるのである。本書はそこに至るまでの試行錯誤を、包み隠さず書き記した。

1章では、山麓で羽化したギフチョウが、山頂に集まってきて配偶行動をすることを明らかにした研究を紹介する。これは、私が初めておこなった研究、ではなくて他の人が計画した研究の実働部隊になった経験である。このときは、チョウの縄張り争いの不思議さを意識しておらず、ギフチョウに配偶縄張りらしきものがあることを確かめるのが精一杯だった。しかし、学部生のときに経験したこの研究をきっかけに、それまでチョウの標本を集めていた私が、行動の研究の面白さを知ることになった。

2章では、ゼフィルスとよばれるシジミチョウ類の縄張り行動の研究を紹介する。ゼフィルスは少年時代の私をチョウに傾倒させた存在である。時は流れて大学院生となった私は、ゼフィルスの一種であるメスアカミドリシジミを用いて、本格的にチョウの縄張り行動の研究を始めた。野外で本種を詳しく観察すると、縄張り争いに何十連勝もできる圧倒的に強い雄がいるにもかかわらず、そのような雄が他の雄に比べて身体能力が高いわけではなかった。いったい彼らの強さはどこから来るのだろうか？　この謎はなかなか手ごわかったが、ある偶然の観察をきっかけに、行き詰まっていた研究が一気に打開された。大事なことは、予期せぬ出来事から何かを見出す柔軟な心である。

3章では、クロヒカゲの配偶行動の研究を紹介する。過去におこなわれた研究では、クロヒカゲの雄は、雌の羽化場所付近を飛び回る探雌飛翔と、林内の陽だまりに配偶縄張りを構えるという、二つの配偶戦略を使い分けるとされていた。こういうところから、チョウの縄張り争いを理解する新たな視点が得られないかと期待して研究を始めた。ところが、実際にフィールドワークを始めてみると、先行研究があまりアテにならなかったことが判明する。他人の研究を鵜呑みにせずに、自分で確認することがいかに重要かは、不確実性をともなう分野では共通すると思う。

4章は、これまでの観察事実から、チョウにはライバル（同性）という認識がないために縄張り争いが成り立つという、本書の核心となる学説に達するいきさつである。フィールドでデータを取っていると、どのような個体が縄張り争いで有利になるかはわかったが、相手を攻撃するわけでもないのになぜ相手を追いかけるのか、という根本的な問題は解決しなかった。それは観察や実験の精度の問題ではなくて、チョウをどう見るか、という世界観の問題だった。さらに、この結論を研究者コミュニティに伝える際に、非常に苦労した経験を伝えたい。意外な主張は、最初はだいたい受け入れられないものなのだ。

5章では、仕上げのためにおこなった、キアゲハの性識別に関する研究を紹介する。ここでは、4章で出てくる学説の証明ではなく、その反証を試みた。反証とは、平たく言えば間違い探しである。

なぜそんなことをするかというと、実はどう頑張っても、学説というものは「これが正しい」とは証明できないからだ。今のところ間違いが見つかっていないのが、正しい学説なのである。

ライバルという認識がないから闘争が成り立つなんて意味がわからないと思うかもしれない。しかし、この研究は二〇二〇年の日本動物行動学会賞を受賞しているので、少なくとも、私の思い込みやひとりよがりという段階ではない。だから、トンデモ本だと思わないで、最後まで本書を読んでいただきたい。人間の「当たり前」が通用しない、驚くべきチョウの世界へと、みなさまを招待しよう。

1章

ギフチョウは
なぜ山頂に集まるのか

ひさかたの　光のどけき　春の日に
静心なく　花の散るらむ

紀　友則

春の女神を追いかけた日々

肌に当たる風が日に日に暖かさを増す。澄み切った冷たい冬空が続いていたのが、霞がかった空の日が多くなってくると、いよいよ生命の躍動する季節が到来する。

春の訪れとともに薄桃色の花を枝いっぱいに咲かせるサクラは、古より多くの日本人に愛されてきた。現代に生きる人々も、サクラが咲くと花見を楽しむ。できたら一度、都市の公園ではなくて、郊外の野山で花見をしてほしい。春はサクラだけでなく、ツツジやスミレなどが鮮やかな花を開き、

サクラの咲く頃にだけ成虫が現れ、春の女神とよばれる。世界で本州のみに分布する。

新芽を吹いた木々で山全体が萌黄色に染まる、日本の自然が最も美しい顔を見せる季節なのである。

昆虫たちも春になると、冬の眠りから覚めて活動を始める。日本の春の野山を彩る昆虫の中でも特に有名なのが、春の女神とよばれるギフチョウ（*Luehdorfia japonica*）である。ギフチョウはアゲハチョウの仲間で、黄色と黒のだんだら模様に、赤紋と青紋を散りばめた華やかなチョウである。地球上で本州のみに分布し、サクラの咲く頃にだけ成虫が現れる。毎年春先になると、どこかの昆虫館でギフチョウが羽化したというニュースがマスコミに登場する。

もちろん、ギフチョウの本来の生息地は昆虫館の飼育室ではなく、日本の落葉

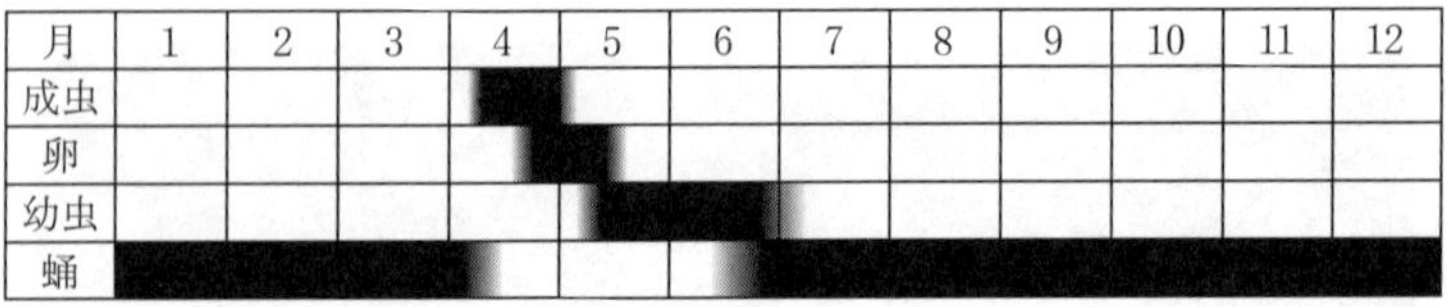

図1　ギフチョウの生活史（関西の低標高地）

春に成虫が現れて卵を産む。卵から孵った幼虫はカンアオイの葉を食べて育ち、夏を迎える頃に蛹になる。そのまま夏・秋・冬を蛹で過ごし、翌春に成虫が羽化する。

樹林である。成虫が活動しているのはせいぜい春の一ヶ月間くらいだが、その頃の林は、まだ木々の葉が広がっていないので太陽の光が林床まで届き、カタクリやキイチゴなど、ギフチョウの吸蜜植物も咲きそろう。ギフチョウはやわらかな日差しが降り注ぐ落葉樹林で活動し、雄と雌が出会って交尾をして、雌はカンアオイという林床に生える草本の葉裏に卵を産む。孵化した幼虫はカンアオイの葉を食べて育つ。チョウの幼虫は種によって決まった植物（食草や食樹とよぶ）を食べる、という話を理科の時間に聞いたことを覚えている人もいるだろう。アゲハはミカンやサンショウの葉を食べ、モンシロチョウはアブラナやキャベツの葉を食べる、という性質だ。カンアオイの葉を食べて大きくなったギフチョウの幼虫は六月頃に蛹になり、そのまま夏・秋・冬を過ごし、翌春に再び成虫になる。まさに、春にだけチョウになるように調整された生活史なのである（図1）。

大阪府の北部に位置する茨木市で生まれ育った私にとって、ギフチョウは決して身近な存在ではなかった。幼い頃から虫好きだった私は自然とチョウに興味を持つようになり、小学生の頃には、図鑑を見て日本に生息するチョウはもちろん、世界のどの地域にどんなチョウが生息しているかもだいたい覚えていた。しかし、自分の手に届くチョウは、家の近くにいるチョウか、父の故郷の高知市に帰省したときに見られるチョウに限られていた。そのどちらでもないギフチョウは、当時の私にとってリアルな存在ではなかったのである。

転機は中学生の頃に訪れた。2章で述べるが、ある一冊の本との出会いをきっかけにさまざまなチョウを手の届く存在として意識するようになった私は、その筋の同人誌を読み漁り、チョウの採集に役立つ知識を仕入れるようになった。どうやらギフチョウは、大阪府北部（以下北摂とよぶ）の山地に少ないながらも生息しており、茨木市の竜王山にもいるらしい。

中学二年になった四月の最初の日曜日に、バスに乗って竜王山を訪れた。麓のソメイヨシノは満開で、タイミングとしてはちょうどいいはずだったが、春の女神に逢うことはかなわず。翌週の日曜日にも再訪したが、またしてもフラれてしまった。

これは難関だと思って次なる戦略を探っていたところ、とある同人誌で、北陸地方にはギフチョウが多産することを知った。春の女神が乱舞する光景を思い描いた私は、中学三年になる前の春休みに、母に頼んで石川県の小松市郊外に連れて行ってもらった。私の家は自家用車を持っていなかったので、JRの時刻表を見て旅行計画を立てて、中学校に学割証を発行してもらっての旅行だった。面白いことに、大阪府のギフチョウは一学期が始まる頃に出てくるので春休みに行くと大概フライングになるが、大阪より気温が低いはずの北陸のギフチョウは春休みの時期から出ているのである。

JR小松駅から路線バスに乗り、郊外のバス停で下車したときは、空一面を雲が覆っていた。上着を着ても肌寒いほどで、虫一匹飛んでいない。しかし、午後になると、雲の間から暖かな日差しがこぼれ落ちてきた。太陽の光が届くと、とたんに春の虫たちは活動を始める。成虫で越冬したルリタテハが飛びだして、ササの葉の上で、青い帯の入った翅を広げて日光浴をしている。土手に咲くオオイヌノフグリの花に、ビロードツリアブが長い口を伸ばしていた。ギフチョウが現れるのを今か今かと期待しながら、カサカサと落ち葉を踏み分けて里山を歩く。畦道が途切れて雑木林に入る手前で、咲き始めたサクラ（ヤマザクラだったと思う）の花に、黄色と黒のだんだら模様のチョウが訪れているのが見えた。まだ冬のよそおいの残る薄茶色の里山では、背景の青空とだんだら模様の鮮やかな対比がひときわ目を引く。昨春は地元の山を二度訪れても拝めなかったギフチョウとの初対面である。

興奮した私が振った捕虫網は見事に空振りで、気がついたときにはギフチョウの姿はなかった。思い入れが強いチョウとの初対面では、ありがちなことである。もっとも、小松市はギフチョウの多い土地なので、最初のチャンスを逃したくらいはどうということはない。その後もいくつものギフチョウが現れて、私の拙い捕虫網サバキでも、三頭のギフチョウを採集することができた。

高校生になった私は、地元の北摂のいろいろな山を訪れるようになった。北摂は北陸のようなギフチョウの多産地ではないので、初心者には少々ハードルが高かったが、慣れてくるうちにギフチョウのいる場所もわかってきた。春になると自転車を駆ってギフチョウを採りに行くのが恒例行事

展翅板の上で翅の位置を調整した状態で、トレーシングペーパーや硫酸紙などで押さえてマチ針で留めて、そのまま乾燥させる。

だった。ギフチョウのいるエリアは家から一五〜二〇キロメートルくらいあるし標高差も結構あるので自転車で行くだけでも大変なのだが、当時の私は、地図を見ながら自転車を走らせて、目的地まで到達できること自体も楽しかった。

採ったギフチョウは展翅して標本箱に入れる。やはり、好きなチョウは手元に置いておきたい気持ちがあるのだ。展翅とは、博物館に展示されているチョウの標本のように、きれいに翅を開いた形の標本に整形する作業である。採集したチョウに針を刺すだけで、形の整った標本になるわけではない。北陸で採ったギフチョウと北摂で採ったギフチョウを見比べると、同じギフチョウでも北摂産の方がやや大型で黒味が強い。そんな違いがわかるのも、標本の楽しさだ。

よく訪れたのは大阪府豊能町と京都府亀岡市の境にある鴻応山で、麓の家のおばちゃんに顔を覚えられていたくらいである。鴻応山のギフチョウの食草はミヤコアオイとよばれるカンアオイの一種で、北麓の雑木林やクリ畑の林床にたくさん生えていた。もちろんギフチョウの卵や幼虫はそこで見つかる。成虫もどこからともなく現れては、林床の陽だまりを縫うように飛び、しばしば淡い桃色のショウジョウバカマの花に吸蜜に訪れていた。

しかし、ギフチョウの成虫を採りに行くときは、まずは鴻応山の山頂を目指すことが多かった。山頂にはミヤコアオイは生えていないし、ギフチョウの成虫の食物となる花もほとんど咲いていない。ところが、四月の晴れた日に山頂周辺で待っていると、不思議なことにギフチョウが集まってくるのである。鴻応山の山頂周辺は針葉樹と落葉広葉樹が混じった林になっており、所々に木漏れ日が地上まで落ちてきて、落ち葉の上に陽だまりを作っている。山の斜面を上がってきて山頂に到達したギフチョウは、その陽だまりに静止したり緩やかに飛んだりを繰り返す。そんなギフチョウを見つけると、そっと近づいて捕虫網をかぶせる。

山頂や尾根に集まる性質は鴻応山のギフチョウに限ったことではない。北摂には鴻応山だけでなく、大阪府高槻市と京都府京都市の境にあるポンポン山や、地図には名前も載っていない山にもギフチョウは生息していた。そんなところでも、四月の晴れた日に山頂で待っていると、ギフチョウが飛んでくるのである。むしろ、どこにギフチョウを探しに行くときでも、まずは山頂に上がって飛来するギフチョウを待っていたくらいである。

当時の私は、ギフチョウを採ることが主な目的だったので、なぜギフチョウが山頂に集まってくるかについては、あまり考えていなかった。そこで雄と雌が出会って交尾をするのだ、という話は聞いたことがあったが、四月の晴れた日曜日にしか地元のギフチョウに出会えるチャンスのない高校生にとって、それは年に一度か二度の大イベントであり、ギフチョウを追いかけることに必死で、その生態にまでは関心が及ばなかったのである。

ギフチョウの配偶行動の研究

時は流れて、京都大学理学部の学生だった一九九六年は、私の記憶に残る限り、最も春の訪れが遅い年だった。四月に入っても寒い日が続き、サクラの開花も進まない。前期の講義が始まっていた四月中旬に、京都で雪が降ったくらいである。

四月二一日、いくらなんでももうギフチョウは出ているだろうと思って鴻応山の山頂を訪れたが、気温が低くてギフチョウは姿を見せなかった。こういう日はギフチョウは不活発で山頂まで来ないから、羽化したての成虫を探すしかないかと思って北麓のミヤコアオイの群落付近を見に行くと、兵庫医科大学の夏秋優さんが来ておられた。夏秋さんは、私が高校生の頃に鴻応山にギフチョウを採りに来たときに知り合った方で、よくチョウの生態写真を撮影されていた。

しばらく話していると、今年は山麓で羽化したギフチョウが本当に山頂に飛来するかを明らかにするために、ギフチョウに油性ペンで個体識別番号を付けて、行動を調べるつもりとのことだった。当時の私は大学生になって自由に活動できる時間も増え、ギフチョウを採るだけでなく、もっと別のこともできないかと考えていたので、夏秋さんの調査の実働部隊として協力することを申し出た。することは単純だ。夏秋さんと私がそれぞれ都合のつく日に鴻応山を訪れて、北麓のミヤコアオ

後翅の裏面に油性ペンで個体識別番号(この個体は6)を書き込む。

イの群落と山頂を何回も往復する。標高差は約一〇〇メートルだからそれほど厳しい往復ではないが、登山道ではないルートなので、途中で多少ヤブをかき分けて進む必要があった。ギフチョウを見つけたら捕虫網で捕獲して、チョウを傷めないように、翅を閉じた状態で翅をつかんで網から取り出す。翅の裏面に油性ペンで識別番号を記入したら、その場でリリースして、日時と場所を記録する。すでに識別番号が付いている個体を見つけたら、やはり日時と場所と何をしていたかを記録する。その情報は、随時二人で共有する。このデータをためていけば、どの個体がどこからどこに移動して何をしていたかがわかってくる。つまり、ただ山頂にギフチョウが飛んできたのを見ている(採る)だけだと、そのギフチョウがどこから現れたのかがわからないが、山麓のミヤコアオイ自生地で個体識別番号を入れたギフチョウが山頂で採れたら、ギフチョウが山登りしてきたことがわかる、という仕組みだ。

調査を始めた頃は、どこかいつもと違う感覚があった。それまでの私はギフチョウを見つけたら採集して標本にしていたので、わざわざ捕虫網で捕まえたのに、油性ペンで翅を汚して（標本を作る人にはありえない！）、リリースするのだから。しかし、しばらくすると、採る眼でチョウを見ていると見えなかったことが、行動を調べる眼で見ると見えてくることに気づく。北麓のミヤコアオイの群落付近で、羽化したばかりのギフチョウの雌が下草に止まっているのを見つけたので、通りかかった雄と交尾をするかと思って待っていた。しばらくして、雄が地上一・五メートルほどの高さを飛んできたのだが、簡単に雌の上を飛び去ってしまった。チョウの探索能力は決して高くなく、付近にいる異性をいち早く見つけて交尾できるわけではなさそうだ。

山頂に飛来した雄が、付近の陽だまりに静止しているところに、別の雄も飛来してくると、二頭で追いかけ合いが始まる。その結果、一頭は陽だまりから追い出されるらしく、追い出された雄は、となりの陽だまりに移ったり、もう少し遠くまで移動することもあるようだ。よく考えてみたら、相手を攻撃するわけでもないのに、追いかけ合うだけでなぜ縄張り争いが成立するのか不思議なことである。何年後かに、私はチョウの縄張り争いを研究することになるのだが、このときはギフチョウを傷めないように個体識別して、その後にどこに移動するかを調べるだけで手一杯で、ギフチョウの雄の小競り合いまで考えている余裕はなかった。

調査の最初のハイライトは、好天に恵まれた四月二四日だった。この日は、山頂で三組の交尾ペアが見つかった。そのうち一組は、林床の陽だまりに静止していた雄の近くに雌が飛来して、その雌に向かって雄が飛び立って、あっという間に交尾が成立した場面を観察することができた。ギフチョウを採集していた頃だと決して見られない場面である（雌が飛来する前に雄を採集するから）。また、二日前に北麓のミヤコアオイの群落付近で個体識別した二頭の雄が山頂で再捕獲され、たしかに麓で羽化したギフチョウが山頂に飛来することが確かめられた。以前から推察されていたように、山頂がギフチョウにとって交尾の場になっていた。

最後のハイライトは五月三日だった。この時期になると、すでに雄の多くは死んでいて、山頂にもあまり飛来しない。そこでこの日は山頂に長居しないで、今まで近づいたことのなかった、鴻応山の南麓を訪れた。ミヤコアオイは乾燥しがちな南斜面よりも北斜面に多いので、南麓は調査していなかったのだ。

雑木林に入ってみると、それなりにミヤコアオイは生えていた。やがて、地表近くの植物の葉に触れては飛び立つ動作を繰り返す、一頭のギフチョウが現れた。チョウの雌は、産卵する前に前脚で葉に触れることで、その植物が食草かどうかを確認するので、よくこのような行動をする。捕虫網で採ってみると、夏秋さんが四月二五日に北麓のミヤコアオイ自生地で個体識別した雌だった。そこから直線距離で一キロメートルほど離れたところまで、卵を産みに来ていたのだ。ギフチョウを採集していた頃には絶対に持つことのない、ギフチョウの行動範囲を見る「眼」を、個体識別を用

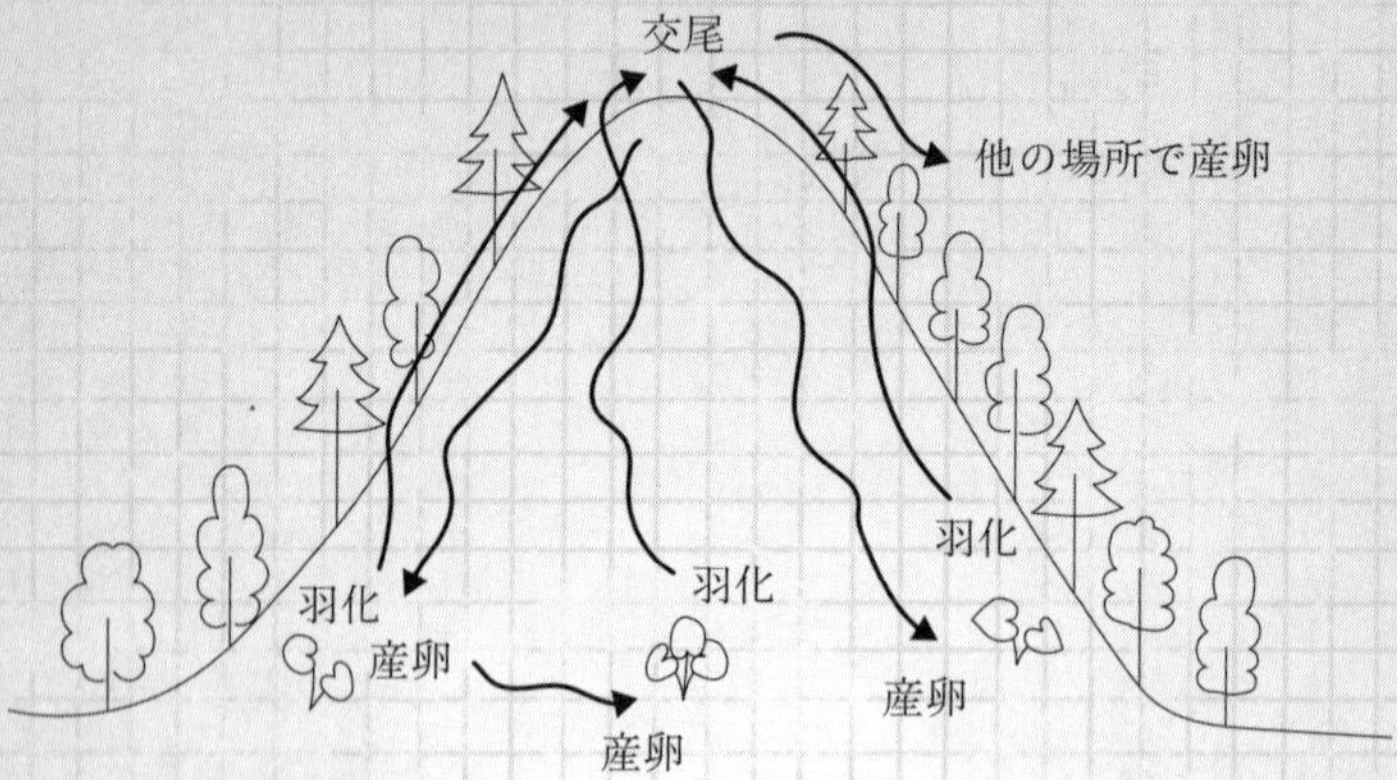

図2　個体識別による調査から明らかになったギフチョウの行動パターン

参考文献[2]にもとづいて作成。

ウマノスズクサ科カンアオイ属の草本。主に落葉樹林の林床に生える。

いた調査によって手に入れたのである。
この研究から明らかになったことをまとめると次のようになる[1]（図2）。

1．鴻応山の麓で羽化したギフチョウは雄も雌も山頂に飛来して、そこで交尾する
2．交尾した雌は、山麓のミヤコアオイの自生地で産卵するが、必ずしも自分が羽化したミヤコアオイの群落に戻って産卵するわけではない

もちろん、夏秋さんと私が発見できなかっただけで、山麓のミヤコアオイ自生地で交尾しているケースもあるだろう。ただし、山頂で交尾するケースの方が多いからこそ、私たちが三組の交尾を発見できたのは山頂だったのだ。

さて、ギフチョウがわざわざ山頂に集まって交尾する意味を考えてみよう。鴻応山のミヤコアオイは北麓を中心に、山麓から山腹の広い範囲に自生している。そのすべての場所がギフチョウの産卵場所になりうるし、多くの場所は実際に卵が付いていた。雌が山塊を広く飛び回って産卵することは、先ほど出てきた、北麓で個体識別した雌が南麓で再捕獲された事実からもわかる。つまり、ギフチョウの卵は山全体に広く産まれていることになる。結果的には、それはギフチョウにとっていいことだろう。もし狭いところに集中して卵を産まれると、幼虫がエサ不足に陥ってしまう。翅のある成虫ほどの移動能力がない幼虫にとって、エサ不足は死に直結する。ミヤコアオイは小さな地表植物である。大きな木のように、一本あれば多くのチョウを養えるわけではない。

一方、山頂はとても限られたエリアだ。鴻応山で羽化したギフチョウが山頂周辺に集まってくれば、そこでギフチョウの成虫の密度が高くなり、配偶相手を見つけられる可能性が高くなる。一・五メートル下の地上に止まっている雌に気づかなくて雄が通過してしまう程度の発見能力だったら、密度が上がらないと相手を見つけることも容易ではないだろう。摂食して成長することよりも繁殖することが重要な成虫は、交尾のためには狭いところに集中した方がいいのだ。つまり、ギフチョウが山頂に集まってくるのは、彼らの配偶システムだったのである。

ギフチョウが尾根や山頂に飛来することはこれまでにも知られていたし、その山の山麓から来ていることは、当然予想されていたことだった。また、ギフチョウ以外のチョウでも、雄と雌が山頂に飛来して交尾する種がいることは知られていた。したがって、本研究は結論が目新しいわけではない。

しかし、私にとってこの研究は、貴重な経験だった。それまでの私は、野外でチョウに出会っても、そこから引き出せるものは、標本か生態写真だけだった。チョウが好きな人が普通に考えつくことをしていたら、そんなものである。ところが今回、野外でチョウを個体識別して、その行動を研究することで、ギフチョウの生活様式の一端をデータとして引き出せることを学習した。この経験は、私の意識に変化をもたらした。以前の私にとって、学校で習う勉強やその先にあるだろうと漠然と想像していた研究と、自分が好きでやっている虫採りは、異なる世界だった。しかし、ギフチョウの行動の研究を通して、その間のつながりが見えてきたのである。

各地のギフチョウ

さて、私はギフチョウが好きなので、この研究の後も、春になればさまざまな土地にギフチョウを求めて出かけた。本当はギフチョウだけでそこまで魅力があるわけではない。木々の芽吹きで山全体がうっすら萌黄色に染まり、そこにサクラやツツジなどのさまざまな花がアクセントをつける春の里山に現れるからこそ、ギフチョウは魅力的なのだ。

まだ気温の低い春先に出てくるギフチョウは、日が差していないとほとんど活動しない。だから、ギフチョウを目的に出かけるときには、天気は決定的に重要である。しかし、気象庁が発表する天気予報の情報だけでは不十分なことも多い。もちろん、快晴の予報が出ていれば（当たるかどうかは別として）問題ないが、そうでないことの方が多い。たとえば、曇りのち晴れという予報の場合、晴れてくるのは何時頃なのかがとても重要だ。昼までに晴れてくるのなら何とかなるが、一四時から晴れてきたのでは手遅れであることが多い。また、曇りという予報が出ても、どの程度の曇りかが重要である。全天ドン曇りだったらアウトだが、薄日が差し込むような曇りなら何とかギフチョウが見られることが多い。晴れの予報が出ていても、高気圧の中心が海上にある場合、海岸に近い場所では霧がずっと立ち込めて日が差さないこともある。

こういう細かいことは、気象庁の発表する予報ではわからないので、気象台に勤めていた松本逸平さんによく電話をして、細かい予想をしてもらっていた。目的地が一つあってそこの天気を予報するというよりは、複数の候補地から、明日の天気が一番マシそうな目的地を選ぶ感じである。松本さんとは、滋賀県の比良山にチョウの採集に行ったときに知り合った。松本さんもチョウの好きな方だったので、私が天気の何を知りたがっているかをよく理解しておられた。

京都大学の学生だった一九九〇年代後半から二〇〇〇年代前半は、四月になれば京都府や滋賀県の山々によく出かけたものである。京都東山の比叡山塊から京都北山にかけては産地が点在し、ギフチョウは珍しいというほどではなかった。滋賀県でも琵琶湖を囲む山々の各所でギフチョウは見られた。ギフチョウは人気のあるチョウなので、有名な産地に行くと他の採集者とバッティングするのが常だが、無名な地域に探しに行くと、他人に邪魔されることなくギフチョウと時間を過ごすことができる。

ギフチョウのいない時期に別の目的で山に出かけても、カンアオイが生えていないか、ギフチョウが集まりそうな地形はないか、という眼で山を見るのが習慣になっていた。ここにはいそうだと予想した場所があると、ギフチョウの時期にそこに出かけて、自分の予想を確かめるのも楽しさである。ギフチョウを探しに行くときは、やはり成虫が集まる尾根や山頂を狙うのが基本戦略だ。見晴らしのよい山頂で、重なり合った山々が春霞の中に溶け込むのを眺めながらギフチョウが飛来するのを待つのは、心地よいひとときである。

登山道のない藪山に登ることもしばしばで、地形と方向を読む訓練にもなった。藪山を下りる途中で少し方向を間違えて民家の裏に出てしまい、放し飼いの犬にからまれたこともあった。登山コースでもない山でギフチョウの卵を探すために、山に入ったり道路に戻ったりを繰り返していたら、私を不審者と見た警官から、職務質問されたこともあった。そんなことがあっても、懲りることなくギフチョウ探しを続けたものである。

二〇〇一年の三月中旬には、中国大陸に生息するギフチョウの近縁種であるチュウゴクギフチョウを求めて、中華人民共和国浙江省の杭州市を訪れた。京都大学蝶類研究会というサークルのメンバー四人での旅行だった。私が京都大学に入学したときには、蝶類研究会は活動停止（つまり会員がいない状態）が何年か続いていた。二回生の秋に沖縄県の石垣島を訪れたとき、民宿でたまたま見た宿帳で、京都大学の竹井一君という熱心なチョウマニアが採集に来ていたことを知って、彼と連絡を取った結果、蝶類研究会を再興することになった。今だと信じられないかもしれないが、当時はまだインターネットが普及していなかったので、人と人が知り合うには、こんな偶然に頼らなければならなかったのだ。

実は、それまで団体活動はせずに（そもそも高校までは同級生にチョウマニアはいなかった）、自分の興味と情熱にまかせてチョウを追っていた私にとって、サークルの運営はあまり気が進まなかった。要するに、他人と何かすることにあまり興味がなかったのだが、その話は長くなるのでやめておこう。

しかし、蝶類研究会を再興したから、このような旅行を企画する会員が現れて、私もそれに便乗で

中国大陸東部に生息する。ギフチョウよりも尾状突起(後翅にある突起)が短い。(撮影:渡辺康之)

きたのである。

三月中旬といえば関西のギフチョウが現れる時期よりも一ヶ月ほど早いが、杭州は日本よりも温暖なので、春の訪れも早い。もちろんチュウゴクギフチョウは見たこともなかったが、ギフチョウと似たような性質を持つだろうと考えて杭州市の裏山に登った。たしか尾根にたどり着いたときは曇っていてチョウの姿はなかったが、待っていると、やがて雲の間からやわらかな日差しが降り注いできた。間もなく、日本のギフチョウと同じように、黄色と黒のだんだら模様のチュウゴクギフチョウが尾根や山頂にやってきた。尾根道に沿ってゆるやかに飛ぶ姿が、春の雑木林に映える。大陸のギフチョウとのひとときを過ごした後で山麓に下りると、林床にカンアオイの一種が生えていた。その葉裏に卵が産まれているのも、日本のギフチョウにそっくりだった。大陸に生息するギフチョウの兄弟を見た気がして、とても感動した。

二〇〇七年から広島大学で勤務するようになったため、広島県各地にギフチョウを探しに出かけた。広島県の瀬戸内海側にはサンヨウアオイというカンアオイが生えていて、ギフチョウの食草になっている。この地域のギフチョウは、関西のギフチョウと同じように、尾根に集まってくることが多いので、ギフチョウの探し方は関西と同じだ。ところが、広島県の中部以北になると少し事情が変わる。この地域はサンヨウアオイでなく、鴻応山と同じミヤコアオイが生えている。ただし、生えている場所が川沿いの斜面の下部に集中していることが多い。こうなると、ギフチョウが育つ場所もその付近に集中するのか、川沿いの林道を歩いていた方が、尾根や山頂に登るよりも効率よくギフチョウを見つけることができた。食草は同じミヤコアオイでも、関西と広島ではギフチョウの活動場所の比率は変わるようで、そんなことが感じられるのも面白かった。

ウグイスの鳴く四月のある日、広島県中部で、川沿いの道にギフチョウがよく現れる場所を見つけて写真を撮っていた。ここは、林縁に生えるキイチゴやサクラの花に次々とギフチョウが訪れる、絶好の撮影ポイントだ。しばらくすると、軽トラで通りかかった地元のおじさんに、何をしているのかと尋ねられた。ギフチョウのことを話したら、えらく熱心に聞いてくれた。それから二年後にその場所を訪れたら、近くに住むおばさんたちが、ギフチョウの写真を撮りに来ていた。話を聞くと、二年前に私と話をしたおじさんから、ギフチョウの話が伝わったらしい。山頂ではなくて川沿いの道にギフチョウが出てくる場所なので、車横付けで気軽に訪れられることが、近隣に住む人を呼んでいるようだ。私は、その土地のギフチョウの発見者という扱いで、家に案内してもらって、付近の自然の話をして楽しいときを過ごした。さすがに春の女神だけあって、チョウマニアでない人たちも惹きつけるだけの魅力がギフチョウにはあると感心したものである。もちろん、地元の方々がギフチョウに興味を持って大切にしてくれることは、ギフチョウにとっても私にとっても、ありがたいことだ。

こうしてみると、ギフチョウを追うことで、植生を知ることはもちろん、その土地に住んでいる人の暮らしや、天気のしくみも知ることになった。さらに、道のない藪山に登る技術も、見ず知らずの外国でも目的のチョウにたどり着く技術(図太さ?)も身についたことになる。やはり、ものを学ぶ動機は、何かに魅力を感じることから生じるものである。

ギフチョウの危機

私が広島大学に移った二〇〇七年頃から、近畿地方のギフチョウが激減している話が耳に入ってきた。最初は、また採集者が集中したいくつかの産地で、ギフチョウが打撃を受けたのかと思っていた。ギフチョウは人気のあるチョウなので、そのようなことは二〇世紀からあった。私が大学生になった頃、ギフチョウを採る以外にも何かできないかと思って、夏秋さんの計画された行動研究の実働部隊になった動機には、そのような採集の負の側面も影響していたと思う。しかし、近畿地方のギフチョウを襲っている異変はそんな局地的な話ではなく、有名な産地も無名な（採集者が来ない）産地でも、次々にギフチョウが消えているらしい。近畿地方の山にニホンジカが増えすぎて、食草のカンアオイを食べてしまうことが原因という説も流れてきた。

そのときは半信半疑だったのだが、二〇一〇年に京都大学生態学研究センターの研究員になって関西に戻ってきて、その惨状を目の当たりにすることになる。京都大学の学生時代によく行った、京都市郊外や滋賀県の山を訪れると、下草がほとんど生えていない場所が多いことに驚いた。生物学の教科書的にいえば、林の植生は、高い順に高木層〜亜高木層〜低木層〜草本層〜地表層があるはずなのだが、低木層以下がなくなってしまったような異様な光景が続いている。ニホンジカの口が届く範囲の植物がほとんど食われてしまったのである。もちろん地表層にあたるカンアオイ類は激減しており、以前あったような大きな株はほとんどなくなっていた。

ギフチョウの幼虫は蛹になるまでに、（シカに傷めつけられていない状態での）平均的なサイズのミヤコアオイの葉を七枚ほど食べる。ギフチョウは、一〇卵ほどまとめてミヤコアオイの葉裏に産卵する。ミヤコアオイの一株の葉は数枚から一〇枚程度のことが多いので、幼虫が大きくなってくると、卵の産まれた株の葉はなくなってしまう。すると、幼虫は次の株を求めて林の中を放浪しなければならず、株を見つける前にエネルギーが尽きると死んでしまう。だから、ギフチョウが生息するには、カンアオイは高密度でたくさん生えていることが条件となる。ちょっと生えているだけではダメなのだ。

私はギフチョウが消えてしまったことが信じられず、滋賀県と京都府でかなりギフチョウを探した。しかし、数年前まで生息していた場所のいずれでも、ギフチョウの姿は見られなかったのである。

ギフチョウは人気のあるチョウで、多くの人が探しているので、私個人の断片的な観察だけでなく、チョウマニアの集合知が利用できる。それによると、近畿地方でも滋賀県と京都府は、ニホンジカが増えてから特にギフチョウが激減した地域である。滋賀県ではほぼ絶滅、京都府では、保護されている京都市西京区の産地を除くと、日本海側にわずかな産地が残るだけになってしまった。私に動物行動学の研究を教えてくれたギフチョウがこんな状況になってしまったのは、寂しい限りである。

ギフチョウが消えた地域のカンアオイには特徴がある。一目見て、株が小さくて、付いている葉の枚数も少ないことに気づく。また、葉が食われて十分な光合成ができないためか、花を付けていないことも多い。だから、葉の形状と花が付いているかを見ると、その地域のミヤコアオイの状態が判断できる。

林の中に低木と草本がほとんど生えていない。
2012年4月21日 大阪府高槻市ポンポン山

林の中に低木と草本が生えている。2012年5月3日 大阪府豊能町鴻応山

葉が小さくて、株あたりの葉の数も少ない。2020年8月1日 大阪府能勢町吉野

葉が大きくて、株あたりの葉の数も多い。2020年8月1日 大阪府豊能町鴻応山

大阪府でも状況は深刻である。規模の小さい産地からは、ことごとくギフチョウがいなくなった。北摂地方で鴻応山と並ぶ規模の産地だった能勢町吉野地区でも、二〇〇九年を最後にギフチョウは確認されていない。二〇一三年にミヤコアオイを調査すると、花の付いていない株の割合が九〇パーセント近かった。[3] ニホンジカによる食害の強さが現れている。この場所は土地の持ち主である子安鎮朗・ひろみ夫妻をはじめとする吉野地区の方々、大阪府立大学の昆虫学研究室の石井実先生、大阪府能勢町のチョウを長く調べてこられた森地重博氏、それに私も加わって、公益財団法人・大阪みどりのトラスト協会の支援の下で二〇〇二年からギフチョウの保護活動をおこなっていた。それでも、私が広島大学に異動していたたった三年の間に、ギフチョウは姿を消してしまったのである。

一方で、大阪府南部の奈良県境にある葛城山系では、今も以前と変わらずギフチョウが生息している。葛城山系にはニホンジカがいないので、ミヤコアオイがたくさん生えている。この山系は他の山地からやや孤立しているので、ニホンジカが入ってきていないのだ。うれしい話ではないが、北摂と葛城山系のギフチョウの運命を比べると、ニホンジカがギフチョウを滅ぼしていることがよくわかる。

北摂で最後に残った鴻応山でもギフチョウが激減し、二〇一三年には、ミヤコアオイの葉を一万枚調べても卵が確認できない状態（ほぼ絶滅）に陥った。その年に、大阪府立大学の石井先生とそこに異動していた私、卒業研究をしていた吉村忠浩君が中心になって鴻応山のミヤコアオイの状態を調査したところ、花の付いている株の割合が五〇パーセント近くあった。[3] ギフチョウの消えた能勢町吉野地区に比べると、ニホンジカによる食害が進んでいないようだったので、まだ回復可能だと判断した。そこで、前年に鴻応山で採集した卵から飼育した個体を人工交配して卵を産ませて、孵化した幼虫を鴻応山に放飼した。その結果、翌年からギフチョウの個体数が回復し、二〇二〇年現在でもギフチョウは何とか生息している。

念のために言っておくと、鴻応山産の飼育系統を鴻応山に放飼することが大切である。たとえ日本国内でもよその土地のギフチョウを放飼するのは、在来のギフチョウにない性質を導入することになって、遺伝的かく乱を引き起こすので、推奨できない。

さて、ニホンジカ対策を何もしなくても、鴻応山のギフチョウは速やかに回復したのだから、鴻応山に限れば、ギフチョウが絶滅寸前に追い込まれた直接の原因は、ニホンジカによるミヤコアオイの食害ではない。幼虫を放飼しただけで回復したのだから、鴻応山はギフチョウの生息環境としては機能していた（ミヤコアオイは足りていた）はずである。それではギフチョウを絶滅寸前に追い込んだ原因は何か？

鴻応山は地形的にたまたまニホンジカの侵入が少なく、ミヤコアオイもギフチョウも残っていた。しかし、近畿地方の山々からギフチョウがいなくなり、行き場のなくなった採集者が鴻応山に集中して、ギフチョウは乱獲された。当時の同人誌を開くと、北摂のギフチョウの採集記録は鴻応山ばかりが列記されている。そんな状態が何年か続いて、ギフチョウはほぼ絶滅状態となり、採集者にとって鴻応山は魅力がなくなった。さらに、私たちが保護活動をするにあたって採集自粛をアナウンスしたことで、鴻応山を訪れる採集者は大幅に減った。すると、ニホンジカ対策は何もせずに、ただ幼虫を放飼しただけでギフチョウは復活したのである。鴻応山のギフチョウを絶滅寸前に追い込んだのは、乱獲だったと考えるしかない。もし私たちが二〇一二年に飼育系統を確保していなければ、二〇一三年の段階で鴻応山からギフチョウは姿を消していただろう。もっとも、復活したといっても、鴻応山でも年々ニホンジカによる食害は進んでおり、いつまでもつかわからない状況が続いている。

私は、自然に親しむ意味でも教育的な意味でも、昆虫採集は否定されるべきではないと考えているが、ものには程度というものがある。今は各都道府県がレッドデータブックを公開している。そこで絶滅危惧種に挙げられている生物を採集する行為は、自然に親しむとも教育的とも言えないと思う。

鴻応山の局地的な事情の話はここまでにしよう。二一世紀になってニホンジカが増えたのは近畿地方だけでなく、程度の差はあれ日本各地で似たような状況になっている。ギフチョウと同じように、食草を食われて激減したチョウは多い。イラクサを食べるサカハチチョウや、山の中に生えるアブラナ科植物を食べるエゾスジグロシロチョウは、北摂からほとんど姿を消してしまった。分布が対馬に限られるツシマウラボシシジミは、日本から絶滅寸前の状態に追い込まれている。

ニホンジカは農業にも大きな被害を出している。関西の山間部では、シカの侵入を防ぐために、農地の周りを高さ二メートルほどの柵で囲うようになった。二〇〇〇年代初頭までは見られなかった風景だ。また、ニホンジカの増加と共に、哺乳類の血を吸うマダニが関西の野山に増えた。二〇〇〇年代中頃までは、山に行ってもマダニなどほとんど気にしていなかったが、二〇一〇年以降はちょっと山に入るとすぐにズボンにマダニがつくので、頻繁にマダニを確認するようになった。

なぜニホンジカが増えたのだろうか？　本当のところはよくわからないが、高齢化によって猟師が減ったから、というのが現状では一番ありそうだ。日本の生態系にはオオカミという捕食者がいたのだが、家畜を襲ったり狂犬病を媒介するということで、二〇世紀初頭には人間が絶滅させてしまった。したがって、それ以降はニホンジカの主要な天敵がいない。今までは猟師がニホンジカの天敵役をしていたが、それが高齢化によって減ってしまった、という説である。

人間がオオカミを絶滅させたためにシカが増えたという問題は、アメリカ合衆国でも発生している。ロッキー山脈北部に位置するイエローストーン国立公園では、一九九五年にカナダからオオカミを再導入した[4]。オオカミは定着し、それによってシカ類の個体数が抑えられて植生も回復しているようである。もっとも、日本のような狭い土地で同じことができるかは別問題である。しかし、どうやら人間にとって害獣だと思われていたオオカミも、生態系を機能させるうえで重要な存在だったようだ。人間の損得勘定など、アテにならないものである。

今のところ、ニホンジカの増加によるギフチョウやその他のチョウの減少を食い止める（というよりは植生を守る）決定的な方法はない。せいぜい、重要なエリアを柵で囲ってニホンジカの侵入を防ぐ程度であり、それも継続するとなると容易ではない。柵で囲って草食獣が入れなくすると、逆に柵内が草ぼうぼうになってかえってカンアオイは育たなくなるし、人の生活と結びついた里山としても草ぼうぼうでは困るので、管理し続けないといけないからだ。ニホンジカなどの草食獣は多すぎると下草がなくなるが、まったくいなくても今の生態系は維持できないのである。

つまり、日本の植生は、草食獣がいて、その個体数を抑える天敵もいて、初めて成り立っていたことになる。その天敵が失われた今、日本の植生とそれに依存していた動物たちがどこに向かうかはわからないのである。

2章

相手を攻撃しない闘争で優位になるには

五月雨の　晴れ間にいでて　眺むれば
青田すずしく　風わたるなり
良寛

森の蝶・ゼフィルス

ギフチョウの季節はあっという間に終わり、新緑の初夏が過ぎて、蛍の飛び交う梅雨になる頃、日本の樹林にはゼフィルスとよばれるシジミチョウ科の一群のチョウたちが姿を現す。ギフチョウというのは単一種の名前だが、ゼフィルスというのはミドリシジミ族に分類されるシジミチョウの一部を指す俗称である。翅を開けると三センチメートルほどで、日本には二五種が生息し、世界では中国大陸を中心に約二〇〇種が知られている。ミドリシジミの名の通り、翅表が緑色に輝く種がお

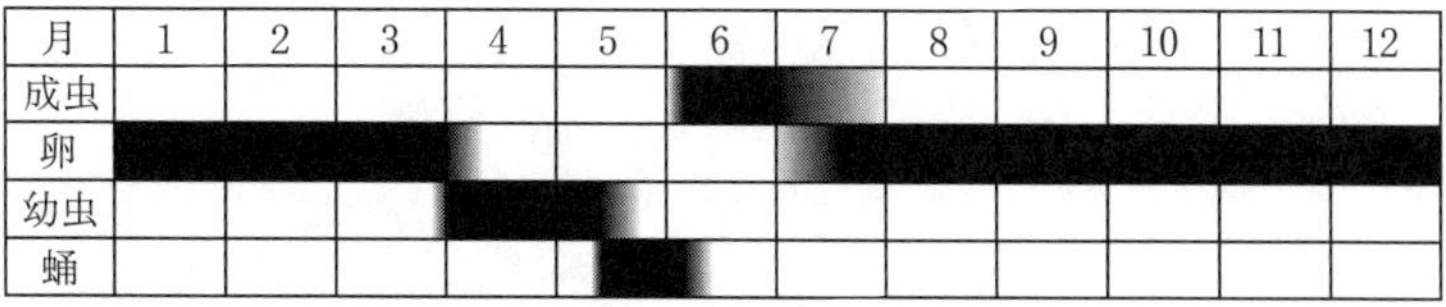

図3　ゼフィルスの典型的な生活史（関西の低標高地）

寒冷地や標高の高い地域では、卵が孵る時期が遅くなり、成虫が出現する時期も遅くなる。種によっては、夏を越してから産卵するパターンもある。

よそ半数を占め、他の種も赤や橙や紫色の翅を持つカラフルなチョウたちで、チョウが好きな人の間で人気が高い（口絵8ページ）。

　ゼフィルスの仲間は主にナラ類やカシ類を食樹とするが、種によってはハンノキやサクラやトネリコなど、全然違う植物が食樹になる。だから、さまざまな樹種が混じる広葉樹林にはゼフィルスの種数も多い。ゼフィルスには共通した性質がある。梅雨頃から夏にかけて成虫が現れ、交尾・産卵をおこなう。産まれた卵はそのまま秋・冬を過ごして、翌年の春になると幼虫が孵る。ギフチョウが年に一度の成虫シーズンを迎える頃、ゼフィルスたちは年に一度の小さな産声を上げるのである。この時期は山全体の樹木が芽吹くので、孵化した幼虫はその柔らかい新芽を食べて育つ。五月頃に蛹になって、梅雨頃から夏にかけて成虫が現れるというサイクルで、一年に一世代が回る（図3）。

　このチョウに出会うためには、ギフチョウにはない難しさがある。食樹が一〇～二〇メートルある樹木で、成虫はその梢で生活していることが多いために、山を歩いているだけではなかなかお目にかかれないのだ。ゼフィルスを採りたければ、先に捕虫網を付けた長さ一〇メートル近い竿を上手に操れなくてはならない。

ゼフィルスは私にとって特別な存在である。それは、ゼフィルスこそが、私を本格的にチョウに向かわせたからである。子供の頃の私の楽しみの一つに、数ヶ月に一回くらい、親に梅田（大阪の中心部）にある大きな本屋に連れて行ってもらう、というイベントがあった。その機会に、家の近くの本屋には置いていない虫の図鑑などを買ってもらっていたのだ。中学生になったばかりの頃、恒例のイベントで手に入れた『森の蝶・ゼフィルス』は、私がそれまでに読んだ本の中で、最も私の心に刺さった。[1] まずは表紙カバーのゼフィルスの写真が美しい。本文は、北摂地方でゼフィルス採集を始めた著者の田中蕃氏が、まずは長竿を使う採集テクニックを覚えて、野山で採集しているうちにゼフィルスの生活する様がわかるようになっていく姿が生き生きと描かれていた。そして、大阪府では生息地が知られていなかったヒロオビミドリシジミの多産地である、能勢町三草山の発見につながっていくのである。

この本が私を惹きつけた最大の理由は、私の住んでいた大阪府北部にも、つまり中学生でもがんばれば手の届きそうなところにも、表紙カバーに載っているような美しいチョウが生息していることを、実体験を通してみずみずしく伝えてくれたからである。一三歳を迎えた私の心身が、『森の蝶・ゼフィルス』を受け入れる状態になっていたということかもしれない。

この本を読んでからの私は、生活の最優先事項がチョウの採集になっていった。まず本の読み方が変わった。小学生の頃は、図鑑の写真を見ながら気が向いたら解説を読んで、世界にはこんな魅力的な虫がいるんだと、どこか異世界を見るように感じていた。北アルプスや沖縄に生息するチョウを調べた日々を綴った本を読んでも、面白いとは思ったが、自分の生活圏とは関係のないところでおこなわれた他人事だった。行動範囲が、家の周りの限られた地域で完結していた小学生には無理もない話である。

しかし、今はそうではない。何とかゼフィルスのことを知って、自分で採るためにその知識を活用しよう、という眼で図鑑やその他の書物を見るようになったのである。チョウの図鑑にミドリシジミの食樹がハンノキだと書いてあると、今度は植物図鑑を開いて、何とかハンノキという樹木の特徴を覚えて、野外で見つけられるようになろうとした。

今のようにインターネットがない時代だから、情報は書物がほぼすべてである。それでも必死で手に入る書物を読んでいると、使えそうな情報は入ってくるものである。小学生のときに祖父にもらったまま本棚の飾りになっていた同人誌を読み直していたら、なんと自分の通っている中学校の裏山にミドリシジミが生息していることが書かれていた。灯台下暗しとはこのことである。

そのときは一月頃だったと思うが、ミドリシジミの成虫が飛び出す六月が待ちきれなかった私は、越冬中の卵を採ろうと、冬枯れの中学校の裏山を訪れた。木々は葉を落として幹と枝だけになっているので、どれも同じように見える。しかし、ハンノキは松笠のような実を枝からぶら下げていると図鑑に書かれていたので、それを目標に探すと、さほど苦労せずに見つけることができた。ハンノキは小さな池の周りに群落を作っていた。その幹を注意深く探していると、一〇個ほどまとめて産みつけられたミドリシジミの卵が見つかった。直径一ミリメートルにも満たない白い饅頭型の卵だが、初めて見つけたミドリシジミの卵は宝物だった。もっとも、持ち帰った卵付きのハンノキの樹皮を机の上に置いていたら、ゴミだと判断した妹に卓上掃除機で吸われたが、なんとかゴミの中から宝物を回収した。

その筋の本によると、卵を部屋の中に置いておくと、暖かすぎて冬の間に孵ってしまうらしい。冬の間に幼虫が孵っても、食樹のハンノキはまだ芽吹いていないので、幼虫を飢え死にさせてしまう。春まで確実に卵を保管するには、冷蔵庫を使うのが便利なやり方だ。ありがたいことに、チョウの卵を冷蔵庫に入れても、両親は文句を言わなかった。

翌春に卵を冷蔵庫から出して、孵った幼虫にハンノキの若葉を与えて飼育した。五月には、翅を広げると三センチメートルほどの成虫を数頭羽化させることができた。図鑑にあるように、雄は翅表全体が緑色に輝くが、雌は黒地に小さな青い斑紋があるだけだ。部屋の中で飼育すると、野外よりも気温が高いので、野外よりも早く成虫になるようだ。次は六月の成虫シーズンが楽しみだった。

六月の最初の土曜日に、長竿を担いで中学校の裏山に向かった。ここは多くのゼフィルスが食樹とするコナラとクヌギを主体とする雑木林で、池の周りにはミドリシジミの卵を採ったハンノキの

雄の翅表は緑色に輝く。雌の翅表は黒地に青紋がある(青紋がない個体もいる)。雄の翅表の輝きの強さは、見る角度によって変化する。雄のカラー写真は、口絵8ページ参照。

群落もあり、身近なフィールドとしては絶好の場所だ。コナラとクヌギはカブトムシやクワガタムシが集まってくる木なので、小学生の頃からよく知っていた。

『森の蝶・ゼフィルス』には、多くのゼフィルスは昼間は食樹の梢に止まっているので、長竿で林縁の木々の枝先を叩いて、驚いて飛び出したチョウが再び止まった場所をめがけて網を振ったと書かれている。まずはたくさん生えているコナラとクヌギの木でそれを実践しようとするが、たまにチョウが飛び出しても木の高いところへ上がってしまって採れなかったり、思うように長竿が扱えなかったりで、大変だった。当時は竹を何段も繋いだ長竿を使っていたので、全段を継いで八メートルにすると中学生にはかなり重い。これを操ってチョウを採らねばならないのである。

やがて、梢から降りてきて草むらに止まった橙色のシジミチョウが一頭目に入った。採集すると、クヌギを主な食樹とするウラナミアカシジミだった(口絵8ページ)。初めてゼフィルスを採集した、私の心に強く残っている瞬間である。

日が傾く頃を見計らって、ミドリシジミの卵を採ったハンノキ林に移動する。図鑑に、ミドリシジミは夕方に活発に活動するという記述があったので、そのタイミングを狙ったのだ。ハンノキの梢を眺めると、敏速に飛ぶ小さなチョウの影があった。八メートルの竿でも届かないところを目まぐるしく飛んでいることが多かったが、たまに低いところにもやってくる。高さ数メートルの枝先に静止したところを狙って長竿を振ると、捕虫網の中で小さな黒い影が動くのが見えた。取り出してみるとたしかにミドリシジミだ。飼育して得られたミドリシジミよりも、翅の緑色が鮮やかに輝くように見えた。

これは錯覚ではなくて本当だった。野外で採集したミドリシジミの標本と、卵や幼虫から飼育したミドリシジミの標本を並べて見ると、飼育個体の方が翅の緑色の輝きが鈍いことが多い。こういうことがわかるのも、標本を作る楽しみだ。

ところで、私は小学生の頃から、夏になるとカブトムシやクワガタムシを採りに、この中学校の裏山には何度も訪れていた。しかし、年に一度六月にだけ現れ、ナラ類やハンノキの枝先で活動する小さくも美しいチョウの存在に、私はまったく気づいていなかったのである。それまで気にしたこともなかった木々の梢が、ゼフィルスという魅力的なチョウの棲み処になっていることを知ると、林を見る眼がまったく変わった。見たこともなかったチョウを採るたびに、自分の知らなかった身近な野山の魅力を発見するような気がして、楽しくて仕方がなかった。

　こうやって、本に書いてある情報を目的をもって読み取って、あとは自分で行動すれば、中学生一人でも狙ったチョウが採れることを学習していったのである。1章に出てきたギフチョウを採りに行くようになったのも、この成功体験が大きい。当時の私にとっては、中学校の教師が用意した枠内で行動させられる学校行事や部活よりも、自分の興味と情熱で行動できるチョウの採集の方がはるかに面白かった。

ウラジロミドリシジミの探雌飛翔

　北摂に生息していて中学生にも手の届きそうなゼフィルスの中で、最も魅力的だったのは、ウラジロミドリシジミだった。雄の翅表が青色に輝く美しいチョウで、他のミドリシジミ類の翅裏が茶色や灰色なのに、ウラジロミドリシジミだけはその名の通り翅裏が白いのも魅力的だった（口絵8ページ）。

　後年知ったのだが、手塚治虫の作品に、その名も「ゼフィルス」（原題はZEPHYRUS）という漫画がある。[2] 第二次大戦中にウラジロミドリシジミを追っていた少年（おそらく作者本人がモデルだと思う）

ナラガシワは柏餅を巻くのに使うカシワの近縁種で、ウラジロミドリシジミの食樹。日中はナラガシワの葉に静止していることが多いが、夕方になると活発に飛翔する。

が主人公の短編である。チョウが好きな関西の少年の考えることは似たようなものだろう。

祖父にもらった同人誌を読んでいて、隣町の高槻市の郊外にある摂津峡にウラジロミドリシジミが生息することを知った私は、ミドリシジミに続いてウラジロも採ってやろうと意気込んで、ミドリシジミを採った次の週末には摂津峡に出かけた。ミドリシジミのときと同じく、チョウの図鑑を見てウラジロの食樹がナラガシワであることを知ると、今度は植物図鑑でナラガシワの特徴を覚えていた。幸いなことに、ナラガシワの葉は柏餅を巻くのに使われるカシワの葉とよく似ているので、現地で見たらすぐにわかった。

車の通りの少ない道路沿いの林縁に、大

きなナラガシワの木が生えていた。足場もよかったので、その枝を長竿で叩いていると、アカシジミやミズイロオナガシジミといったどこの雑木林にでもいるゼフィルスに混じって、それらしいチョウが飛び出した。ウラジロミドリシジミは翅の裏が白いので、木の下からだと白っぽく見えるのが特徴だ。飛び出したチョウは採れるところに止まってくれるとは限らないのだが、何度かそんなことをやっているうちに、長竿が届く場所に止まった個体がいた。長竿を振ると、捕虫網の中に小さなチョウが入ったのが見えた。長竿を手繰り寄せて網の中のチョウを見ると、銀色がかった白い翅を閉じたすき間から、サファイヤのように青く輝く翅表がのぞいていた。初めて採集したウラジロミドリシジミだ。チョウを押さえる手が少し震えていたことを思い出す。

ウラジロミドリシジミの雄は、夕方になると雌を探してナラガシワの周りを活発に飛び回るという記述が図鑑にあり、その日も夕方まで粘ってナラガシワの梢を眺めていたところ、たしかにウラジロが飛んでいたのが見えた。昼間に長竿でナラガシワの枝を叩いていたときよりも多くの個体が飛んでいる。これは当然ではある。叩き出しは長竿が届く場所にたまたまいた個体が驚いて飛び出すだけだが、夕方になると、ウラジロが自分から活発に飛翔するのだから。しかし、まだ長竿の扱いに慣れていない中学生に、枝先を素早く飛び回るチョウを長竿を振り回して採るのは難しかった。静止しているチョウを採るのとは、難度が大きく違うのだ。

翌週末も摂津峡を訪れた私は、日が傾く頃になると、ウラジロミドリシジミを採ったナラガシワの木の下にやってきた。待っていると、先週と同じように、ナラガシワの枝先にまとわりつくように飛ぶウラジロの雄が現れる。飛んでいるときは、翅表の青と翅裏の白が夕日を浴びてチカチカと輝くのが魅力的だ。ウラジロは結構なスピードで、静止することなく枝先を飛びながら、次の木に移っていく。飛んでいる雄同士が出会うと、二頭で一～二秒絡まり合ったあと別れ別れになって、それぞれが枝先を飛び続ける。もちろん、長竿を持って走って追いかけられるようなものではない。しかし、ミドリシジミと違って枝先に静止してくれないので、これを採集するには、長竿を振り回して飛んでいるチョウを採るしかない。数メートルもある竿を振り回すと、先がしなって思うように扱えないのだが、試行錯誤の末に、しなりも含めて扱い方に慣れてきた。

飛んでいるウラジロを採るには、追いかけても無駄である。ウラジロがよく通るコースを認識して、そのコースの中で長竿を振りやすい場所（他の枝が邪魔にならないとか、できるだけ低い位置であるとか）を見つけて、ウラジロがそこを通るタイミングを狙って長竿を振ると採りやすいことに気づいた。このやり方に慣れてくると、飛んでいるウラジロでも、四回に一回くらいは網に入るようになった。やはり、採りたいという思いが、チョウの習性を知る原動力になっていたのである。

この日は、私がウラジロミドリシジミを採っているところに、年の頃合いは私と同じか少し年下のようにも見える少年二人が通りかかって、何をしているのかと聞いてきた。最大八メートルもある長竿を振り回していれば、気になるのは当然だろう。事情を話すとしばらく横で見ていて、私が空振りするたびに笑っていた。そのうち、自分にもやらせてくれと言ってきたので、長竿を渡してみたが、ほとんど扱えていなかった。もちろん、ウラジロが飛んできても、まったく当たりそうもない空振りをしていた、というよりまともに長竿を振れていなかった。私も初めて長竿を持って中学校の裏山に出かけた二週間前は、こんな様子だったはずである。チョウを採りたいという思いは、長竿を扱う技術も急成長させるのである。

ところで、手塚治虫の「ZEPHYRUS」に出てくる少年は、背丈くらいの竿でウラジロミドリシジミを追っていた。戦時中だから長い竿なんて手に入らなかったのだろうが、短竿でウラジロを採集するのは、よほどの幸運に恵まれないと難しい。なんせ、ウラジロが主に生活している場所はナラガシワの梢なのだから、背丈の竿では届かない。もっとも、なかなか採れないからこそ、ウラジロを追う日々が、漫画のテーマ（というよりは設定）になっていたのだと思う。

オオミドリシジミの縄張り争い

私のバイブルだった『森の蝶・ゼフィルス』には、ゼフィルスの縄張り争いの話がよく出てくる。ゼフィルスの中でもミドリシジミと名の付く種は日本に一三種生息していて、その多くは、雄が木の上の枝先に縄張りを構えて、そこに飛んでくる他の雄と争う。この争いが、卍巴飛翔とよばれる

縄張り保持者が、縄張りに飛びこんできた雄に向かって行き、2頭がお互いを追いかけるようにくるくる飛び回る卍巴飛翔が始まる（映像はすでに卍巴飛翔が始まっている状態）。やがて一方の雄が引き下がると、もう一方の雄がそれを追いかける（14秒あたり）。その後、元の縄張りに戻ってくる（映像では戻ってくるところまでは映っていない）。〈動画URL〉https://youtu.be/ekWEofXJ-TE

特徴的な行動で、二頭がお互いを追いかけるようにくるくる飛び回り、そのうちどちらかが飛び去る。残った雄が縄張りを保持し続ける。その縄張り保持者を採集すると、すぐに別の雄が現れて、同じ場所を占める。彼らにとって、争ってでも「居たい場所」があるのだ。著者の田中氏は、最初はこの性質を採集のために利用していたのだが、そのうちに縄張りについて考えを巡らせるようになる。

中学校の裏山にいたミドリシジミにも縄張り行動する性質はあったのだが、活動する場所が木の高いところで、残念ながら縄張り争いはあまり見えなかった。ウラジロミドリシジミは縄張りを持たないで、雌を探してナラガシワの木から木へと飛び続けることは前節で述べたとおりである。中学校の裏山と摂津峡で採れるゼフィルス以外の種も採ってみたいと思い、母に頼んで、大阪府箕面市の箕面公園や滋賀県の比良山に連れて行ってもらったりもしたのだが、天気が悪かったり思ったほどチョウがいなかったりで、中学生の頃はゼフィルスの縄張り争いをちゃんと見たことがなかった。

私が初めてゼフィルスに特徴的な卍巴飛翔を見たのは、高校生になって間もない六月のことである。隣町の高槻市のある山の山頂で、朝にオオミドリシジミが縄張り活動するという記述を文献の中に見つけた私は、梅雨の晴れ間の日曜日に、朝から自転車を駆ってその山に向かった。山道に入るところで自転車を止めて、山頂に向かって歩き始める。山といってもハイキングコースでもないので、道しるべもなく道も途切れがちである。迷いながらも何とか山頂に至ったのは、午前九時半頃だっただろうか。山頂周辺は雑木林に囲まれた草地になっていた。梢の上から降り注ぐ、さわやかな朝の日差しを浴びた草木がみずみずしい。

間もなく、雑木林の縁の木の上の方から、二頭のチョウが絡まるように飛び回りながら目の前まで降りてきた。捕虫網で採集すると、オオミドリシジミだった。これが卍巴飛翔か、と思ったのは間違いない。しかしそのときは、今まで見たことのなかった、青緑色に輝くオオミドリシジミの雄を採集できたことの方がうれしかった。

山頂周辺では、何頭ものオオミドリシジミの雄が縄張り活動していた。林縁の木の枝先の葉に静止して、視界を横切って飛ぶ雄に向かってパッと飛び立って卍巴飛翔をしては、元の場所に戻ってくる。そんな縄張りがいくつもあって、地上三〜四メートルの低い位置にも縄張りはあった。この高さに静止して翅を開くと、朝日の当たった青緑色の翅表が宝石のように輝くのが見える（口絵8ページ）。その雄を採集すると、すぐに別の雄が飛来して、その枝先を占める。こんなにたくさんのゼフィルスが、生き生きと活動する姿を見たのは初めてだ。誰も来ない山の中に広がる、秘密の花園のような場所だった。

しかし、太陽が高く昇るにつれて、オオミドリシジミは不活発になってきた。縄張り行動中の雄は一度飛び立っても元の場所に戻ってくるのだが（縄張りの定義からしてそうだ）、戻ってこないことが多くなってきた。午前一〇時半頃には、オオミドリシジミは山頂から姿を消してしまった。

ゼフィルスが特定の時間帯だけ活発に活動することは、ミドリシジミでもウラジロミドリシジミでも経験ずみだったので意外ではなかったが、山頂の木を叩いても出てこないことは不思議に思われた。縄張り活動が不活発になるだけでなく、山頂周辺からいなくなってしまったのである。山頂に集まってくるギフチョウも夕方には山頂からいなくなるが、オオミドリシジミはもっと極端である。ゼフィルスの縄張り争いを初めて目の当たりにした日だったが、やはり高校生の私はチョウの行動を調べようという気にはならず、採集に一生懸命だった。

私は高校時代に自転車に乗って、幾度となく北摂の山々にゼフィルスを採りに行った。これには、体が鍛えられるという副産物もあったが、危険な一面もあった。ゼフィルスを採集するための必需品の長竿は、一・四メートルくらいの竹を六段つなぐものだった。だから、分解した状態だと、その長さの竹竿が六本になる。これを袋に入れて肩に掛けて自転車で走るのである。どう考えても、長竿は邪魔だ。ある年の六月、長竿を肩から掛けて自転車で坂を下っていたら、急に自転車が止まったような感覚を覚え、気がついたときには自分の体が自転車の前に投げ出されていた。起き上がって自転車を確認すると、後輪のスポークが何本か折れていた。どうやら後輪に長竿を巻き込んでしまったらしい。自転車で山に出かける私にとって、下り坂は、しんどい上り坂を上った自分に対するボーナスみたいなものだから、ついつい調子に乗って気持ちよく下ってしまうのである。

幸い私の体は擦り傷ですんだが、自転車屋に修理を頼むと、どんな事故を起こしたのかと聞かれた。さすがに一歩間違えると大ケガをするかもしれないので、次から下り坂には注意しようとは思ったが、自転車が直れば、また長竿を肩から掛けて自転車に乗っていた。それだけ、私にとってゼフィルスは魅力的だったのだ。

比良山のゼフィルス

日本に生息する二五種のゼフィルスのうち、ミドリシジミと名前の付く種は一三種いるが、私が中学生だった当時、大阪で見られるのは四種だけだった（その後、北摂の北端で一種発見されたが）。北摂は標高が高い山がないため、主にブナ・ミズナラ帯（関西だと標高一〇〇〇メートル前後の山域）に生息するメスアカミドリシジミ、アイノミドリシジミ、ヒサマツミドリシジミ、ジョウザンミドリシジミ、エゾミドリシジミ、フジミドリシジミといったゼフィルスにお目にかかるチャンスはなかなかないのである。

何とかしてこういうゼフィルスも採りたいと考えた私は、中学生の自分にも行ける場所を探していた。候補に挙がったのが滋賀県の比良山である。比良山地は、琵琶湖の西側に位置する、標高一〇〇〇メートルあまりの山々が連なる地域である。比良山は関西では有名なゼフィルスの産地だった。JR湖西線の比良駅からバスとリフトとロープウェイを乗り継ぐと、標高一〇〇〇メートルの北比良峠まで運んでくれることまで調べることができた。あとは北摂でゼフィルスを採集していた要領で採れるだろう。

中学三年の七月上旬に、母に頼んで比良山に連れて行ってもらった。比良駅から眺めると、標高一〇〇〇メートルを越える比良の山々が壁のようにそびえていた。通い慣れた北摂の山とは規模の違いを感じ、地元には生息していないゼフィルスへの期待が高まる。

ロープウェイ終点の北比良峠に降り立つと、空は一面の曇天で、周囲には霧が立ちこめていた。晴れてくることを期待しながら、八雲ヶ原に向かう登山道を進む。北摂の山では見たことのないミズナラの木が霧の中に立ち並ぶ光景に、深山に来たことを実感させられた。こんな気象条件だとチョ

標高1000mあまりの山々が南北に連なる。1月に滋賀県守山市から撮影。
この時期は、ゼフィルスは卵で越冬している。（撮影：小野克己）

ウはあまり出てこないのだが、いつもと同じように、林縁の木を長竿で叩いて、驚いて飛び立ったチョウが再び静止した枝先の葉をめがけて捕虫網を振る。この日は天気が回復せず、午後になると雨が降り出して、早々と退散させられた。それでも、オオミドリシジミよりも強く青緑色に輝くジョウザンミドリシジミと、真珠色に輝くウラクロシジミ（口絵8ページ）を採集できた。どちらも北摂では採ったことのないゼフィルスだったので、喜んで帰宅した。

比良山にはジョウザンミドリシジミとウラクロシジミの他にもいろいろな種のゼフィルスがいるはずである。もちろんそれらも採りたいと思い、高校の一学期の試験休みに比良山を再訪した。この日は天気が良く、八雲ヶ原スキー場の周辺を探していると、林縁で縄張り行動を示すジョウザンミドリシジミとエゾミドリシジミがたくさん見られた。ジョウザンミドリシジミは午前中に、エゾミドリシジミは午後に縄張り活動を示すのも、『森の蝶・ゼフィルス』に書いてある通りだ。北摂では見られないゼフィルスがたくさんいたのは楽しかったが、比良山に生息するはずのメスアカミドリシジミやアイノミドリシジミ、ヒサマツミドリシジミは採れなかった。

私が特に採集したかったのは、ゼフィルスの中でも強く金緑色に輝くアイノミドリシジミ（口絵8ページ）だった。『森の蝶・ゼフィルス』には、雄が縄張り活動を示すのは午前一〇時頃までで、このタイミングを外すと、ほとんど採れなかったことが書かれている。朝一番のリフトとロープウェイに乗ると、北比良峠に到着するのが午前九時三〇分なので、この時点でアイノミドリシジミの活動時間は残り三〇分ほどしかない。それでも、ロープウェイを降りてすぐの八雲ヶ原なら間に合っているはずなのだが、私の網にはアイノミドリシジミは入っていなかった。

その後、手に入れた文献を読んでいると、アイノミドリシジミは八雲ヶ原を通り過ぎて武奈ヶ岳（一二一四メートル）に向かう登山道の途中に多いという記述があった。そうだとすると、そこに至るまでに三〇分を使ってしまうと、朝一番のロープウェイに乗っても時間切れになってしまう。たとえ時間切れにならなかったとしても、アイノミドリシジミが縄張り活動している場所を探している時間がほとんどない。

次に比良山を訪れたときは、九時三〇分に北比良峠に到着すると、足早に八雲ヶ原を通り過ぎて、武奈ヶ岳への登山道を登っていった。登山道は林に覆われていて日が差し込むような空間がなく、ゼフィルスが活動する場所とは思えなかった。しばらく登ると、イブルキノコバという休憩所に着いた。そこには小さな沢が流れていて、沢の上には林の切れ間が広がっていた。ここでアイノミドリシジミが縄張り活動するに違いない、と思う前に、すでに長竿を持った二人の採集者が陣取っている姿が見えた。

割り込むのも気が引けるので、沢に沿って少し下ると、同じように沢の上に林の切れ間が広がって日が差し込む場所があったので、ここでチャンスを待つことにした。時間的には、アイノミドリシジミの縄張り活動が終わる直前である。枝先でそれらしいチョウが飛ぶのが二〜三回見えたが、位置が悪くて採れるチャンスはなかった。それ以降は、枝先からチョウの姿が消えた。時計を見ると一〇時を大きく回っていて、もうアイノミドリシジミは飛ばなさそうである。もう少し早く着いていたら……。

それでもあきらめきれなかった私は、その場所でしばらく粘って枝先を見つめていた。いつでも行ける北摂の山と違って、比良山に来る機会は滅多にないのだから、わずかなチャンスにも期待しなければならない。ゼフィルスを採集するときは木の上ばかり見るので、首が痛くなってくる。木を見上げるのに疲れて、ちょっと下を見たところに幸運が待っていた。金緑色に輝くシジミチョウが一頭、沢の傍を飛んでいた。朝の縄張り行動を終えたアイノミドリシジミが、水を求めて降りてきたのだ。長竿のままだと近距離のチョウは採れないので、急いで竿を縮める。一段竿にして被せ

朝の縄張り活動が終わると、このような雄が見られることがある。石と石の間に口吻を差し込んでいる。実際は水を吸っているというよりは、ミネラルを摂取しているらしい。

た捕虫網の中に、金緑色に輝くアイノミドリシジミが入っているのを見たときは、本当にうれしかった。緑の木々に囲まれた沢のせせらぎが、とても心地よく感じられた。

大学生の頃は、比良山のゼフィルスが旬の時期は、本州では見られないチョウを求めて北海道に遠征することが多かったので、あまり比良山は訪れていない。それでも、七月上旬に比良山を訪れたことが一度ある。そのときは、初めてアイノミドリシジミを採った沢で、アイノミドリシジミだけでなくメスアカミドリシジミも採れた。

比良山でゼフィルスを採っていて気づいたことがある。アイノミドリシジミとメスアカミドリシジミは、小さな沢の上にポカッと開けたような、林の中の狭い空間で縄張りを構える。一方、ジョウザンミドリシジミやエゾミドリシジミは、スキー場に面した林の縁のような、片側が完全に開けた場所でも縄張り活動している。人間にとって、見つけやすくてアクセスしやすいのは後者である。だからこそ、ジョウザンミドリシジミやエゾミドリシジミは簡単に採れたのに対して、アイノミドリシジミやメスアカミドリシジミはなかなか採れなかったのである。この経験は、のちに研究のためにメスアカミドリシジミの生息地を探すうえで、大いに役立つことになる。

ゼフィルスの行動を研究する

時は流れて京都大学動物行動学研究室の大学院生になった私は、何をテーマに研究するか試行錯誤していた。指導教官の今福道夫先生は、私が筋金入りのチョウマニアであることを知って、その経験を生かして研究することを勧められた。今福先生ご自身も二年前からチョウの配偶行動の研究を始められており、ちょうどいい学生が来たと思ったのかもしれない。

生物界では、雄は生きていくうえで役に立たないどころか、邪魔になるような形質を持っていることがしばしばある。クジャクの雄の尾羽は代表的な例だが、チョウにも似たような例は多い。ミドリシジミ類も、キラキラ輝くのは雄だけだ。このような傾向を説明するために、ダーウィンの時代から性選択という理論がある。雌が綺麗な雄を選んで交尾相手とするので、生き残るためには不利になっても、子孫を残すためには役に立つ、という考え方である。話を聞けばもっともらしいが、チョウでこのようなことが実証された例は、当時（二〇〇〇年前後）はほとんどなかった。

ミドリシジミ類は明確な性的二型（雄と雌の形態が異なること）を示すので、性選択の検証には最適だからこれを調べようかと思ったのだが、残念なことにミドリシジミ類は野外では雌がなかなか見られないという難点があった。これはミドリシジミ類に限らず、樹林に生息するチョウでは、むしろ普通である。雄は縄張り争いをしたり探雌飛翔をしたりと目立つ行動をするが、雌にはそういう性質がないことが多いのが原因と考えられる。ともあれ、現実に野外で雌を見つけることすら難しいとなると、雌の配偶行動に注目する性選択の研究は、最初から行き詰まりそうである。

もう一つ考えていたのが、雄の縄張り行動の研究である。チョウの縄張り争いは、動物の闘争としてはかなり特殊である。闘争では一般に相手を攻撃する、つまり、叩いたり突いたり噛んだり、何らかの物理的なダメージを与える。ところが、チョウの縄張り争いは、相手を攻撃するわけではない。ゼフィルスの卍巴飛翔のように、二頭がお互いに追いかけ合って、そのうちに一方が縄張りから飛び去る。高校生の頃から見ていた行動なので、当たり前のチョウの性質だと思い込んでいたが、考えてみれば、相手を攻撃しないのに闘争が成立するのは不思議なことである。いったい彼らは何を競っているのだろう？

当時はチョウの縄張り争いに関しては、ヨーロッパに生息するタテハチョウ科のキマダラジャノメ（*Pararge aegeria*）を用いた研究が、よく知られていた。キマダラジャノメは、雄が林床の陽だまりに縄張りを構えて、その場所をめぐって雄同士が卍巴飛翔（論文にはらせん飛翔と書かれている）で争う性質がある。イギリスのニック・デイビスは簡単な野外実験をおこなって、元からその縄張りを保持していた個体が、常に侵入者に勝つというルール（ブルジョア戦略）が、個体群全体で共有されていると主張した。[3] あとからその場所に来た個体は、先住者がいることを知ると、引き下がるというのだ。この研究はよく知られており、最近の教科書にも載っている。相手を攻撃しないチョウの争いがどのように決着するか、他に考えにくかったということもあるだろう。

しかし、スウェーデンの研究者たちは、侵入者が縄張り保持者を追い出すことがあることを観察して、デイビスに反論した。[4] それからだいぶ経って、アラステア・スタットとパット・ウィルマーは、縄張り保持者は陽だまりで日光浴することで体温を上げられるので、縄張り争いに勝ちやすいという論文を発表していた。[5] 変温動物のチョウにとって、陽だまりで体温を上げることが、闘争行動に有利にはたらく、という主張だ。

オーストラリアでは、ダレル・ケンプがリュウキュウムラサキを使って研究を続けており、老齢の個体が勝ちやすいという結果を出していた。[6] ただし、この結果が何を意味するかは、解釈が難しい。チョウは成虫になるともう成長しないで傷んでいく一方なので、加齢とともに闘争能力が高くなるとは考えにくいからだ。

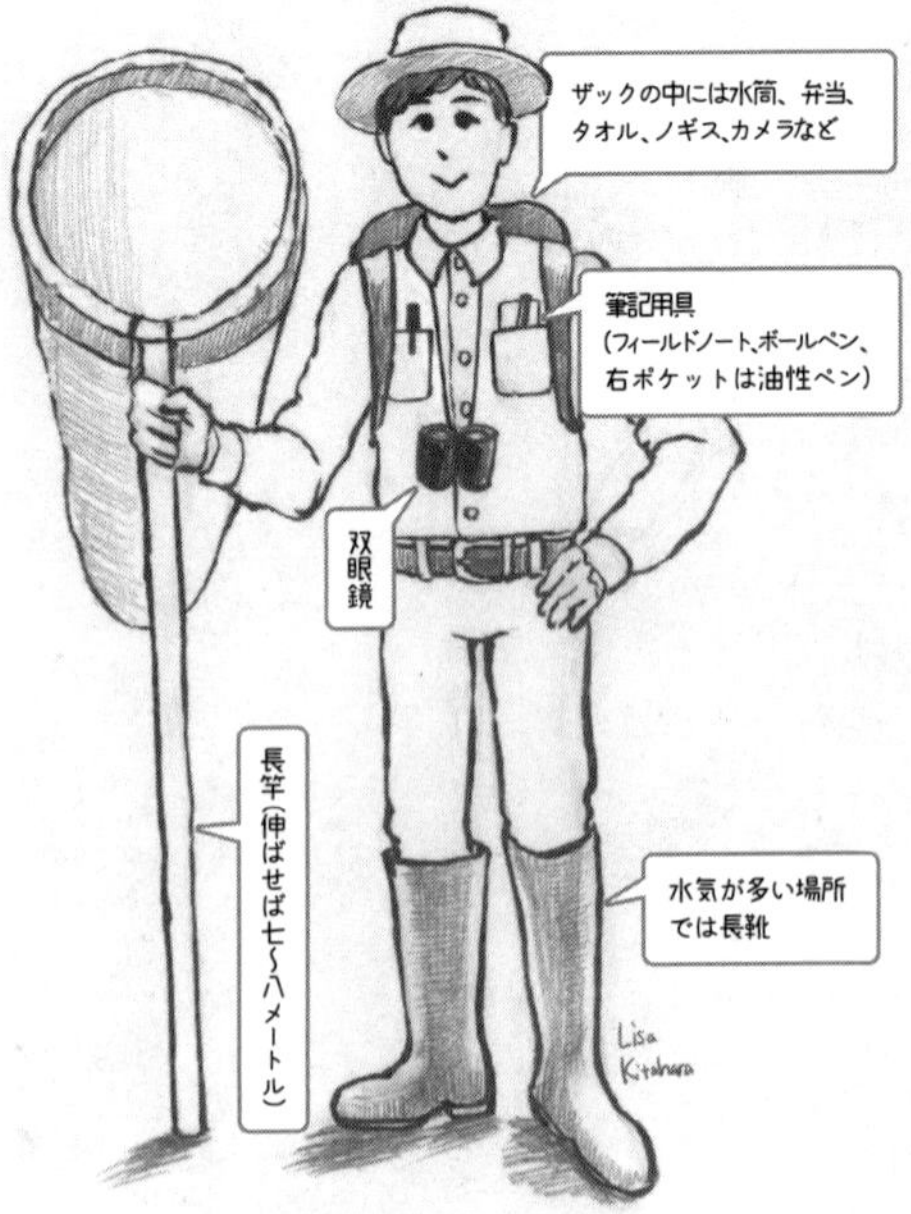

図4　フィールドワークの基本装備

いずれにしても、研究は一部の種に限られていて結果もバラバラで、まだまだ知見を増やした方がいい状況に思えた。ミドリシジミ類は野外で雄の縄張り行動が見られるし、チョウの中でも最も典型的な卍巴飛翔を示す一群である。これなら面白い結果が出るかもしれないと考えて、縄張り争いをテーマに研究することにした。

さて、フィールドワークはここからが大変である。まずは、調査地を見つけなければならない。学部生時代のギフチョウの研究では、高校生の頃から訪れていた鴻応山が調査地だったので、同じように高校生のときに訪れた高槻市の山でオオミドリシジミの縄張り行動を研究できないかと思って試してみた。しかし、しばらくして上手くいかないことに気づいた。縄張りの位置が高すぎて、行動を調べるのが難しいのだ。私が高校生の頃は、もっと低い位置でも縄張り行動していたが、木が高くなるにつれて縄張りの位置も高くなったようである。採集するのなら、長竿で枝先にいるチョウを採ればいいだけだから何とかなる。しかし、彼らが何をしているかを調べたければ、ギフチョウのときのように個体識別して、それぞれの個体の行動を観察したり、動画で撮影できなければならない。もちろん、今みたいにデジタルカメラで動画を撮影したりはできないから、大きなビデオカメラを担ぐ必要があった。しばらくは、木に登って研究を試みていたが、それだとまったくチョウを追いかけられないので、ほとんどデータにならない。こんな効率の悪いことをしていたら結果は出ないと判断して、この山での調査はあきらめた。

ただし、調べてみてわかったこともあった。ギフチョウと同じように、山頂に飛来した雌が、縄張り保持者と交尾する場面を二回見ることができたのである。雄は視界を横切った雌を追い、雌が付近の枝先に静止すると雄もその傍らに静止して、交尾が成立した。やはり、オオミドリシジミの雄の縄張りは、雌との出会いの場になっているのだ。

私の大学院修士時代の二年間は、ほとんど研究対象種と調査地を絞ることに使われていたと言っても過言でない。ミドリシジミが低い位置で縄張り行動する場所を見つけたので、研究できないか試してみたが、しばらくしてこれもやめた。彼らが活発に縄張り活動するのは夕方の一時間ほどであり、研究するチャンスが少なすぎるのだ。ただでさえ雨で研究できない日の多い梅雨どきに現れるチョウなのに、さらに活動時間まで短いとなると、研究対象としては条件が悪すぎる。しかも、かなり暗くなってから活動するので、観察しにくいこともマイナス材料だった。他にも、ジョウザンミドリシジミも試してみたが、こちらは活発に活動するのが朝に限定されるので、やはり研究するチャンスが少ないとみて断念した。

最も研究対象になりそうなのは、メスアカミドリシジミ（*Chrysozephyrus smaragdinus*）だった。比良山でアイノミドリシジミと同じ場所で採れた種である。メスアカミドリシジミは比良山や京都北山にも生息しているが、木が高くて調査地向きでないのはオオミドリシジミと同じだった。しかし、京都大学蝶類研究会OBの田下昌志さんという方に、長野市の善光寺の近くの山すそに、低い位置で縄張り活動する場所があることを教えていただいた。そこは雑木林に囲まれた二五メートルプールほどの大きさの草地で、林縁の木々の枝先でメスアカミドリシジミの雄たちが縄張り行動をくり広げていた。縄張りは地上数メートル以内にあって、草地からよく見えたので、何とか研究はできそうだった。1章で京都大学蝶類研究会を再興した話が出てきたが、それによって田下さんとも知り合ったのだから、再興にはこういうご利益もあったのである。

こんな調子だったから、修士時代にまとまったデータがなかったことは言うまでもない。当時わかったことは、メスアカミドリシジミの縄張り活動は午前一〇時頃から夕方まで見られること、縄張り活動時間が過ぎると雄はどこかに飛び去るが、翌日また同じ場所に現れること、同じ縄張りは連日同じ雄によって占有される傾向が強いこと、である。それに加えて、メスアカミドリシジミの卍巴飛翔を高速度ビデオで撮影した映像を見て、やはりその最中に相手を物理的に攻撃しているところは認められないことを確認した。

一つ注意してほしいのは、朝しか活動しないアイノミドリシジミやオオミドリシジミ、ジョウザンミドリシジミ、夕方にしか活動しないミドリシジミやウラジロミドリシジミと違って、メスアカミドリシジミは縄張り活動の時間が長いことである。以下の節を読み進めてもらえばわかるが、これが行動の研究にとって重要なのである。

メスアカミドリシジミの縄張り行動

大学院博士課程に進んだ私は、メスアカミドリシジミの縄張り行動の研究に的を絞った。まずは、修士時代に調べていたことを補強するデータをしっかりと集めることから始めた。ギフチョウのときと同じように、野外でメスアカミドリシジミを捕獲して、油性ペンでマークを入れて個体識別してからリリースして、その行動を詳しく観察する。中高生の頃は、竹を継いだ長竿を使っていたが、この頃になると、釣具屋に売っているカーボン製の長竿を使うようになっていた。こちらの方が軽くてかさばらないので、ずいぶん楽になった。

さて、長竿は使いやすくなったのだが、メスアカミドリシジミを個体識別するのは少々やっかいだ。ギフチョウは中サイズ（翅を広げると五センチメートルくらい）のチョウなので、捕虫網で捕獲した

捕虫網の外から、チョウの翅の裏面に油性ペンを押しつけてドットを打つ。
ドットの位置と組み合わせで個体識別する。

成虫を手でつかんで取り出して、翅に油性ペンで数字を書き込んでも、ギフチョウに重大な影響はなかった。ところが、メスアカミドリシジミは小サイズ（翅を広げると三センチメートルくらい）のチョウなので、手でつかんで取り出そうとすると、すぐにチョウを傷めてしまう。また、つかんで数字を書き込むにはチョウのサイズが小さすぎる。

しかし、私が試行錯誤しなくても、過去に同じようなことを試みた人がいた。1章にも出てきた、夏秋さんと森地さんである。彼らは、ゼフィルスに油性ペンで識別記号を付けるために、次のような便利な方法をあみ出していた。捕虫網でゼフィルスを採集すると、取り出さずに網の上からゼフィルスを軽く押さえて暴れないようにして、網の外から油性ペンで翅にドットを打つのである。[7] このやり方だと、小さなチョウでも傷めずに個体識別できる。こんなところにも、先人の知恵は活用されるのである。

さて、一日のフィールドワークはこんな感じである。午前九時半ごろ、メスアカミドリシジミの縄張り行動が見られる雑木林内の草地に到着。午前一〇時頃から、朝日を浴びて翅を緑色に輝かせた雄が飛来して、林縁の木の枝先に翅を広げて静止する。好まれる場所というのが数ヶ所あって、それぞれの場所が別の雄によって占められている。そこに花の蜜などのエサがあるわけではないが、何となく構造的な特徴はある。木に囲まれた、直径数メートルほどの空間が縄張りになっていることが多い（図5）。「空間」とは木の幹や枝などがなくて真っ直ぐに飛べて、樹冠のすき間から日光が差し込む場所である。そこを占有している雄は、枝先から飛び立っても、ほぼ縄張りの範囲内を飛びまわって、また枝先に静止する。静止するときは、林の方ではなくて、必ず空間を向く。

他の雄がその空間に飛びこんでくると、先にいた雄はその雄に向かって飛んで行く。相手もその雄に反応して、二頭が同一円上でお互いを追いかけるように飛び回る卍巴飛翔が始まる（62ページ動画）。お互いにぶつからないように相手を追いかけると、結果的に二頭が一つの円の円周を、同じ向きに回るような飛翔になるのだ。卍巴飛翔は数秒以内に終わることが多いが、ときには数十分も続く。数分以上の長い卍巴飛翔だと、回転飛翔だけでなく、二頭が互いに上下するような飛翔も混じることがある。そのうち一方が飛び去り、残った雄は相手を追いかけた後、縄張りに戻ってきて、再

落葉樹林に囲まれた25mプールほどの大きさの草地。周囲の木々の枝先でメスアカミドリシジミが縄張りを構える。

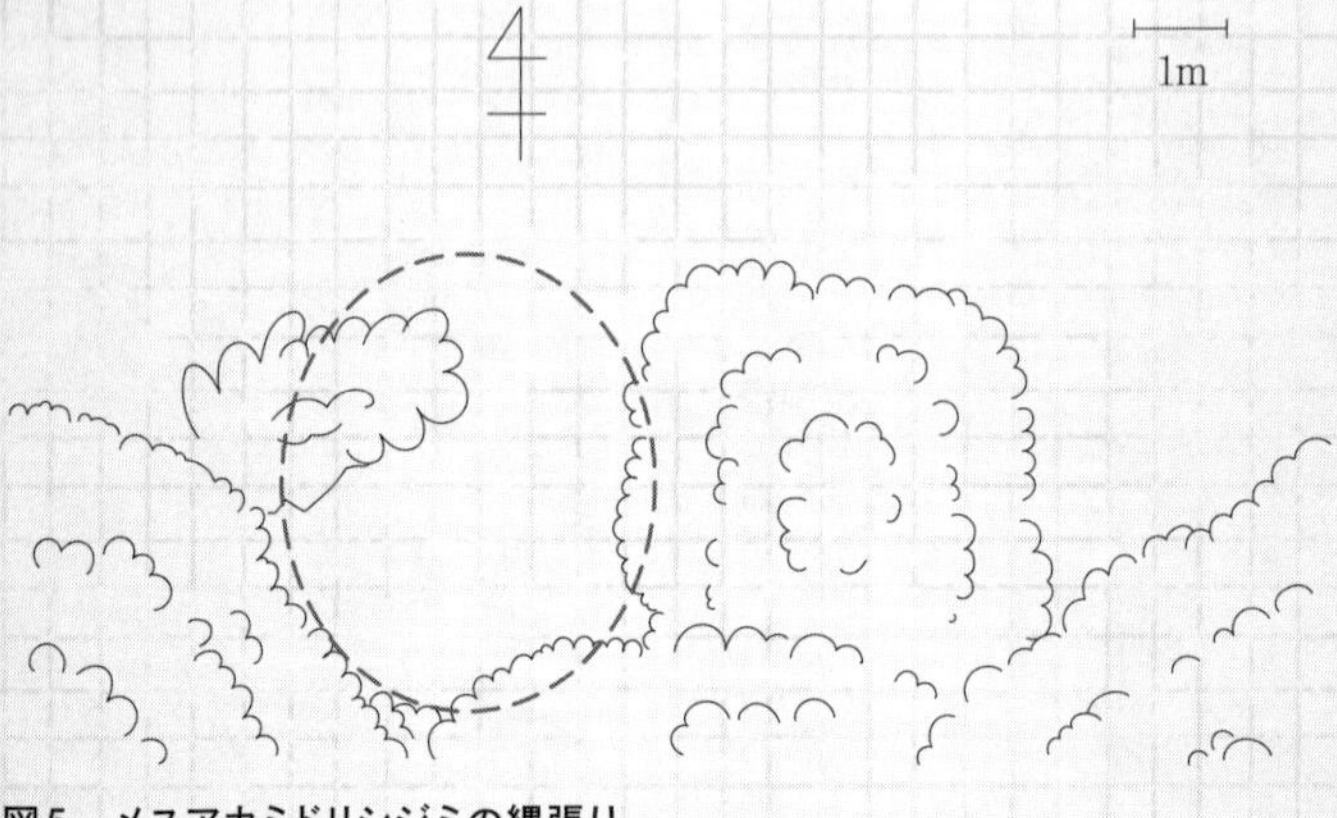

図5　メスアカミドリシジミの縄張り

木に囲まれた空間が縄張りになっていた。縄張り保持者は木の枝先に止まるが、必ず空間の方を向く。その空間に飛び込んできた昆虫を追いかける。

び枝先に静止する。最盛期には、雄同士の卍巴飛翔があちこちでくり広げられる。また、他のチョウやハチなどが縄張りに飛んできても、やはり縄張りの主は追いかける。基本的には、飛んでいるものには反応するようだ。ただし、こういう場合は相手が追いかけてこないので卍巴飛翔にはならないし、お互いにあまり関心もないのか、すぐに追いかけるのをやめて元の場所に戻ってくる。

大事なことは、縄張り活動中のメスアカミドリシジミは必ず空間の方を向いて枝先に静止し、その空間を横切って飛ぶものを追いかけるということだ。枝の上を歩いている昆虫には反応しない。これは、チョウ（同種）は主に空間を飛ぶ動物であり、枝の上を歩くケースは少ないことと関係しているのだろう。

私は、必要に応じて双眼鏡を使いながらメスアカミドリシジミを観察し、どの個体がいつ、どの縄張りを占有していて、いつ卍巴飛翔をおこない、それが何秒続いたか、などを記録していく。個体識別されていない個体を見つけたら、長竿で捕獲して、翅に油性ペンで個体識別記号を書いて、リリースする。日が傾いてくるとだんだん不活発になってきて、一七時頃になると、メスアカミドリシジミはどこかに飛び去ってしまい、この草地の周りからいなくなる。そこで、私も帰宅する。翌日になると、またこの草地にやってきて、同じことを繰り返す。

このような調査を一週間も続けていると、特定の雄が同じ縄張りを連日占有していることがわかった。[8] 夕方になるとメスアカミドリシジミはこの草地の周りからいなくなるのだが、次の日の活動が始まると、昨日と同じ雄が、昨日と同じ縄張りに現れて、そこを占有している。まるで我が家で

長竿を使ったフィールドワーク

カーボン製の全長約9mの長竿。8段の繰り出し式で、必要に応じて長さを調節する。

あるかのように、晴れの日も曇りの日も、同じ場所にいるのだ。いや、同じ場所というより、ほとんど同じ枝先に静止しているのである。そして、一日の間に何度も起こる縄張り争いに、何日間も勝ち続けていた。

ここからわかることは、自分の縄張りを持てる「強い」雄がいるということだ。当たり前のことに思われるかもしれないが、そうではない。相手を攻撃する動物なら、争いに強い個体がいるのは当然だろう。武器が発達していたり、体が大きい個体がそれに該当する。しかし、メスアカミドリシジミは相手を攻撃するわけではない。卍巴飛翔の様子をビデオで撮って見ても、彼らはお互いに追いかけ合っているだけで、ほぼノーコンタクトなのである。相手を攻撃するわけでもないのに、なぜ特定の強い雄がいるのだろう。

ここで、先に挙げた過去の研究例を思い出そう。研究例の多いキマダラジャノメの縄張り争いの優劣決定要因として考えられていたのは、単純に先にその場にいた個体が勝つ、というブルジョア戦略の存在や、縄張りに先にいた個体は日の当たる場所で体温を上げられるからパフォーマンスが上がる、というメカニズムだった。しかし、これらの要因ではメスアカミドリシジミのように、特定の雄が同じ縄張りを連日占有できることは説明できない。なぜなら、メスアカミドリシジミの縄張りは夕方になると解消して、次の朝には先に縄張りにいたかどうかの関係はリセットされるので、ブルジョア戦略や体温の優位性は消えているはずである。にもかかわらず同一の雄が連日縄張り争いに勝ち続けられるのだから、他の要因を考えなければならない。

研究とは、このように発生した疑問を解決する試みであるが、その前に、言葉を定義しておこう。動物の社会を表すときには、縄張りや群れで最も強い雄をα雄、α雄よりも弱い雄をβ雄とよぶ。それに倣って、メスアカミドリシジミでも、連日縄張りを所有できる雄をα雄、それに追い出される雄をβ雄とよぶことにする。

縄張り争いと身体能力

さて、まずは相手を攻撃する動物と同じように、α雄はβ雄よりも身体能力が高い、という仮説を調べてみることにする。α雄は縄張り争いに勝ち続けているのだから、それが自然な発想ではある。しかし、身体能力といっても、何を調べたらいいのだろう。体の大きさはとりあえず測るとして、お互いを追いかけるように飛び回る闘争だから、飛翔能力に関する形質が重要そうである。

昆虫の体は頭部、胸部、腹部に分かれていて、翅と脚は胸部に付いている（口絵4〜5ページ）。翅を羽ばたかせる筋肉（飛翔筋）は胸部に詰まっている、というより、胸の中身はほとんど飛翔筋である。だから、体重に占める胸部の質量の比率が大きい個体ほど、飛翔能力が高く、縄張り争いで有利になることは考えられる。また、昆虫は長時間飛翔し続けるためのエネルギーを脂肪として蓄えているのが一般的だ。卍巴飛翔は長いときには一時間を超えるので、脂肪を多く蓄えている個体が有利になることも考えられる。過去のチョウの縄張り争いの研究例から、個体の日齢にも効果がある可能性がある。

そこで、α雄とβ雄の、体重、飛翔筋発達度、脂肪貯蔵量、日齢を比較することにした。方法は以下の通りだ。まず、ある縄張りのα雄を採集する。待っていると、別の雄が飛来してその縄張りを占有するので、その雄も捕獲する。この雄は、もし私がα雄を採集しなければ追い出されていたはずの雄なのでβ雄とする。このような、α雄とβ雄のペアをたくさん採集して、研究室に持ち帰って、体重、日齢、飛翔筋発達度、脂肪貯蔵量を計測して比較するのである。

この段階になって、一つの問題が出てきた。α雄とβ雄のペアをたくさん採集しようとするには、長野市の産地は小さすぎるのである。この産地では、観察できる縄張りはせいぜい数ヶ所しかなかった。それでは、サンプル数が足りない。このようなデータはばらつきが大きいので、三〇ペアくらい確保したいところである。もちろん、徹底的に採集したら十分なサンプルが採れるかもしれないが、そんなことをしたらメスアカミドリシジミの個体群にダメージを与えてしまう。

そこで、もっと規模の大きな産地を探すことにした。長野県の木曽福島には、木曽生物学研究所という京都大学の施設があった。ここを足場にするとフィールドワークもしやすい。木曽生物学研究所は、夏休み期間は学部生向けの実習もあって混雑するのだが、それ以前はほとんど私しか利用者がおらず、貸し切り状態で生活できた。

また、木曽谷は長野市の産地よりも季節の進行が遅い。長野市のメスアカミドリシジミの出現期

長野県木曽福島町（現木曽町）にある、フィールドワークの基地。生活するには問題ないが、建物内にしばしばコアシダカグモが出現して驚かされた。

が終わるころに、木曽谷ではメスアカミドリシジミが旬を迎えるので、まず長野市で研究してから、木曽谷で研究する、ということが可能だった。これは、一年で二シーズン分の調査ができるのと同じである。一年に一世代しか回らないチョウを研究する者にとっては、研究の機会が倍増するわけだから、とてもありがたいことだった。

図6　長野県の地図

主な調査地のあった長野市と楢川村を示している。

ところで、長野県の地図を見ると、木曽谷は長野市よりも南に位置している（図6）。なのになぜ長野市よりも季節の進行が遅いのかと疑問に思われるかもしれない。一つは標高の差である。長野市の調査地は標高四〇〇メートルほどであったのに対して、木曽谷は木曽川沿いでも標高の高いところだと一〇〇〇メートル近くある。それと、木曽谷が飛騨山脈と木曽山脈に挟まれた狭い谷地形なので、日照時間が短いことも影響していると思う。日照時間が短いと、気温が上がりにくい。

最初は、木曽の楢川村（現塩尻市）にお住いの小林望光さんという方に、メスアカミドリシジミを観察しやすい場所を教えていただいた。そこは、橋の上から沢を見下ろすとメスアカミドリシジミの縄張り行動が見られる、観察には理想的な場所だった。ところが、長野市の産地と同じ問題、つまり数が稼げないという問題があった。長野市で採集したサンプルとそこで採集したサンプルを合わせても、足りなさそうなのだ。

そんなわけで、木曽谷で新たな調査地を探し始めた。メスアカミドリシジミは珍種ではないがどこにでもいるわけではないので、まずは彼らがいる場所を探さなければならない。フィールドでチョウを探すときは、まずは食樹を探すのが基本である。前にも出てきたように、ミドリシジミはハンノキの群落の周辺で縄張り行動をするし、ウラジロミドリシジミはナラガシワの群落で探雌飛翔をおこなう。ところが、メスアカミドリシジミは食樹のサクラ類の周りで縄張り行動をするわけではないので、サクラの木を探せばいいというような簡単なものではない。また、ギフチョウやオオミドリシジミのように、山頂というわかりやすい地形に集まってくるわけでもない。

過去の私の経験上、メスアカミドリシジミが縄張り活動する場所の条件に樹種は重要ではなく、木々の枝の張り具合という、(人間にとって)捉えにくい条件が重要なのだ。言葉で表現するのは難しいが、低木層や高木の下枝に囲まれた直径数メートル程度の空間があって、そこから見上げると、樹冠が開けて上空が見えるような場所が縄張りになりやすい。だから、数メートル程度の幅の沢に沿った林道が狙い目だと考えていた(沢に木は生えないので、その上は空間になりやすい)。長野市の調査地は沢ではなく、雑木林の中に広がる草地の周りでメスアカミドリシジミが縄張り活動していたが、木に囲まれた直径数メートルほどの空間が縄張りになっていたことに違いはない(80ページ図5)。

また、採集ではなくて行動の研究なので、いればいいというわけではない。楽に観察できるところで縄張り行動してくれて、そのような縄張りが一〇ヶ所以上あるような調査地が必要なのである。楽に観察というと、ストイックな方は眉をひそめるかもしれないが、フィールドワークでは自分の身を守るためにも、楽に研究することは重要である。連日フィールドワークを続けると疲れもたまる。木に登らないと観察できない場所や、足下が崩れそうな沢で連日調査することが危険なことは、わかっていただけると思う。

国土地理院が発行する地形図を見て、条件を満たす可能性のある沢を探す。地図上で候補地を見つけると、実際に現地に出かけて、沢沿いの林道を歩きながら、メスアカミドリシジミがどれくらいいるかを確認する。ほとんどの場所は、メスアカミドリシジミの縄張りは見つからないか、見つかっても一～二ヶ所だった。

低木層や高木の下枝に囲まれた直径数メートル程度の空間があって、そこから見上げると、樹冠が開けて上空が見える場所。幅が数メートルの沢沿いにはそのサイズの空間が続くので、このような場所が点在する。

沢の上に形成された空間を向いて、枝先に静止している。
この空間を横切るものが現れると、飛び立って追いかける。

はたして条件を満たす場所はあるのかと不安になってきたが、何ヶ所も調べた末に、ようやく楢川村の鳥居峠付近で、調査地になりそうな谷を見つけることができた。ここは、さまざまな落葉広葉樹が構成する自然林の中を流れる渓谷に沿って、細い林道がついていた（口絵3ページ）。その林道沿いに何十ヶ所も上空が開けた場所があり、そういう場所の多くでメスアカミドリシジミが縄張りを構えている、理想的な調査地だった。かつて滋賀県の比良山をはじめ、さまざまな場所でメスアカミドリシジミを採った経験から、本種の縄張りを探すなら、狭い谷が狙い目になることを知っていたことが生きた。おかげで、α雄とβ雄を二〇ペア以上採集することができた。

さて、サンプルを採集して大学に持ち帰れば、次は体重、日齢、飛翔筋発達度、脂肪貯蔵量の計測である。電子天秤に乾燥させた標本を載せれば、体重はすぐに測れる。日齢は翅の傷み具合で五段階で評価するから、見るだけでよい、というよりそれくらいしかできない。成虫になったチョウの翅は更新されないので、羽化してからの日数が経つごとに傷んでくることを利用するのだ。

しかし、脂肪貯蔵量と飛翔筋発達度は少々面倒だ。脂肪貯蔵量を測るには、有機溶媒を使ってチョウの体から脂肪を抽出して、秤量する必要がある。飛翔筋発達度はどう評価するか？　昆虫の体は頭部、胸部、腹部に分かれていて、四枚の翅と六本の脚が胸部から出ている、という話を聞いたことがあるだろう。チョウの胸部の中身はほとんど筋肉で、脂肪が多少含まれている程度だ。だから、チョウの標本を頭部、胸部、腹部に分解して、胸部から翅と脚を外したうえで脂肪量を計測して、胸部全体の質量から脂肪の質量を引いたものが、おおむね飛翔筋の質量になる。

キーになるのは、チョウの胸部と腹部から脂肪を抽出する作業だ（頭部には脂肪はほとんど含まれていない）。チョウの脂肪含有量を計測した過去の論文を読むと、まずソックスレー抽出器を使って脂肪を有機溶媒に溶かし出して、続いてロータリーエバポレータを使って抽出液から有機溶媒を蒸発させて、脂肪を取り出していた。これらの器具は、私の所属していた動物行動学研究室にはなかった。さすがに、私がたった一回使うためだけに、このような大きな備品を研究室で買って維持しておくのは無理がある。

そこで、広島大学にチョウを用いた化学生態学を研究されている本田計一先生がおられるので、そちらで測定させていただけないか相談してみた。私にとっては初めての作業なので、慣れた人が教えてくれた方が失敗もしにくい。ありがたいことに、二つ返事でOKしてくれた。本田先生が京都大学蝶類研究会の創始者の一人だったことも、話がスムーズに進んだ理由だっただろう。

その年の秋に広島大学を訪れて、本田先生の指導の下に、測定をおこなった。過去の論文にあったように、ソックスレー抽出器を使って脂肪を抽出し、ロータリーエバポレータを使って有機溶媒を蒸発させるものと思っていた。しかし、実際にやってみたら、脂肪の抽出は、小瓶にサンプルを入れてガラス棒で粉砕して、有機溶媒（ジクロロメタン）を加えて一晩放置すれば十分だったし、その抽出物をろ過して、ろ過液を一晩放置すれば有機溶媒は蒸発するので、残った脂肪を電子天秤で秤量すれば事足りた（図7）。ソックスレー抽出器もロータリーエバポレータも必要なかったのである。こういうところが、日頃から同じような作業をしている人に教えてもらうことのありがたさで

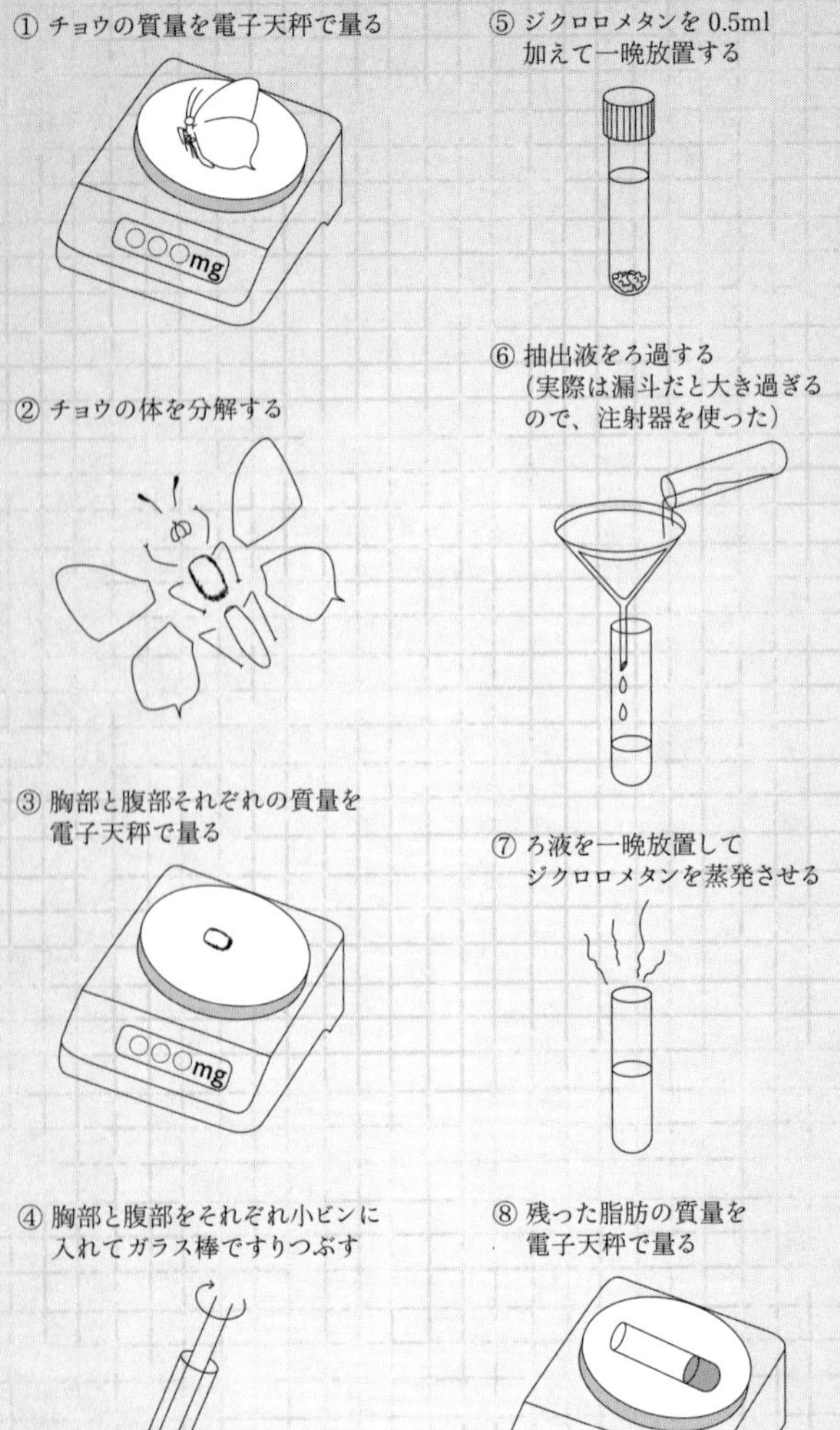
① チョウの質量を電子天秤で量る
○○○mg
② チョウの体を分解する
③ 胸部と腹部それぞれの質量を電子天秤で量る
○○○mg
④ 胸部と腹部をそれぞれ小ビンに入れてガラス棒ですりつぶす
⑤ ジクロロメタンを 0.5ml 加えて一晩放置する
⑥ 抽出液をろ過する（実際は漏斗だと大き過ぎるので、注射器を使った）
⑦ ろ液を一晩放置してジクロロメタンを蒸発させる
⑧ 残った脂肪の質量を電子天秤で量る
○○○mg

図7　計測の手順

表1　α雄とβ雄の各形質値

	α雄（N＝34）	β雄（N＝34）
乾燥体重（mg）	24.0 ± 0.635	23.7 ± 0.739
日齢	2.5（1-5）	3（1-5）
飛翔筋発達度	0.0681 ± 0.0846	-0.0799 ± 0.0807
脂肪貯蔵量	-0.097 ± 0.061	0.077 ± 0.062

Nは個体数。日齢は中央値（小さいものから大きいものの順に並べた時の真ん中のものの値）と範囲を、その他の変数は平均値と標準誤差を表記。飛翔筋発達度と脂肪貯蔵量は、乾燥体重で補正したうえで、平均が0になるように調整した値。

ある。

さて、結果はどうだったかというと、期待したような関係は見つからなかった。体重と日齢、飛翔筋発達度はα雄とβ雄で有意な差は認められず、脂肪貯蔵量はα雄の方がβ雄よりもわずかに少ないという、予想とは逆の結果になってしまった[9]（表1）。どうも、α雄は何度も縄張り争いしたことによって、エネルギーを消耗してしまっているようである。それなのに、なぜα雄は何日間も縄張り争いに勝ち続けられるのだろうか？

ギフチョウの配偶行動の研究は、学部生がちょっとやっただけで簡単に思ったような結果が出たのに、ゼフィルスの縄張り争いの研究は大学院生が何年もかけているのに、どうして結果が出ないのだろう。ギフチョウの研究を立案した夏秋さんが優秀だったのだろうか？　それは一つの要因かもしれない。しかし、夏秋さんは長年ギフチョウの行動を観察しておられたが、本職は医師であり、医学の研究者ではあっても、本格的な昆虫の行動研究は初めてだった。いくら何でも、一発目からすべてお見通しということはないはずである。

1章でも書いたが、ギフチョウの行動の研究は、する前から結果がだいたい予想できていた。これまでに夏秋さんだけでなく、多くの人が尾根や山頂にギフチョウが集まってくることを各地で観察しており、そこで交尾しているペアも目撃されていた。つまり、有力な仮説があったのだ。あとは、ギフチョウを個体識別して、その仮説を支持するデータを集めればよかった。今まで誰もそれをしていなかったのは、そんな研究をするよりもギフチョウを採集したかったからだろう。一方ゼフィルスの縄張り争いの優劣を決定する要因は何かについて、事前にはほとんど見当がつかなかった。つまり、有力な仮説がない（何を調べたらいいかがわからない）状態から研究を始めるので、そう簡単に結果は出ないのである。

ある珍説

チョウの縄張り争いは、いったい何を競っているのかと暗中模索を続けていた頃、修士時代に撮影したメスアカミドリシジミの卍巴飛翔の動画を見ていたら、あるアイディアを思いついた。これは、縄張り争いではなくて、雄同士がお互いに相手のことを雌だと誤認して追いかけているのではないだろうか？　もちろん、深い考えがあったわけではなく、動画を見ていて何となく感じただけである。しかし、メスアカミドリシジミの翅表は、雄は金緑色で雌は黒地に橙色斑という明確な性的二型があり（口絵4～5ページ）、それにもかかわらず雄同士が相手を雌だと誤認していると考えるのは、無茶に思えた。また、卍巴飛翔が終わると、片方の雄が縄張りから飛び去ることも、この仮説では説明できなかった。求愛だったら、追いかけるのをやめても逃げる必要がないからだ。何よりも、この仮説を証明する方法を思いつかなかった。

それでも暗中模索の日々だったので、少しでも可能性があることは試してみようと思って、研究室のゼミで発表が回ってきたときに、このアイディアを話してみた。指導教官の今福先生は、真偽はともかく新しい考え方だね、という反応だった。手厳しい先輩は、何を変なこと言ってるんだ、動物にとって最も重要な配偶行動で、雌雄の間違いが毎回起こったりするわけがない、と言っていた。いずれにしても、総じて珍説という扱いだった。私自身も、卍巴飛翔が終わると片方の雄が縄張りから飛び去ることは、求愛説よりも縄張り争い説を支持していると思っていたので、それ以上この説にこだわることはやめた。

ずいぶんと後になってわかることだが、このアイディアは、縄張り争いだけでなく、チョウを理解するうえでの重要な鍵だった。しかし、当時の私はそのことに気づかずに、このアイディアは一〇年も記憶の片隅で眠り続けることになるのである。

偶然の機会の大切さ

さて、チョウの縄張り争いの問題は解決しそうにない状況だが、こういうときに突破口になるのは、偶然得られた観察結果だった。六月のある日、いつものように長野市でメスアカミドリシジミを観察していた。この日は六月としては非常に暑く、調査地の最高気温は三〇度を越えていた。これくらいの気温になると、メスアカミドリシジミは不活発になる。いつもは縄張り活動真っ最中のお昼すぎから、みんな飛ばなくなってしまった。私の観察していたα雄は、縄張り行動を休止して、木陰に入って動かなくなった。

今日はもうお休みかもしれないと思いながら観察を続けていたところ、夕方近くになって気温が下がってくると、再び活動する個体が現れ始めた。私が観察していたα雄はまだお休み中だったが、その間に、その縄張りに別の雄がやってきた。いつもならα雄に追い出されるところだが、α雄は木陰でお休み中だったので、その雄は一時的にその縄張りの主となった。新しい縄張りの主ができて一時間ほど経過した頃、α雄はお休みから明けて、自分の縄張りに戻って行った。そこには、新しい縄張りの主が陣取っている。その前をα雄が飛ぶと、新たな縄張りの主はもちろんα雄に反応し、二頭の間で卍巴飛翔になった。すぐに元のα雄が勝つだろうと思って見ていたが、この卍巴飛翔がなかなか終わらないのである。この頃には調査地のあちこちで卍巴飛翔が見られたが、だいたい数秒程度で終わっていた。しかし、この卍巴飛翔は数分間つづいた結果、先ほどまでお休み中だったα雄が縄張りを取り返した。

この観察は何を意味するか？　このケースが特別だったのは、β雄が縄張りを一時間も占有できたことである。通常時であれば、β雄が縄張りに飛んでくれれば、すぐにα雄が向かって行って、卍巴飛翔が始まるので、β雄が縄張りを占有できることはほぼない。しかし、この日はたまたま気温が高かったので、α雄が縄張りを離れて休んでいたために、β雄が一時間も縄張りを占有した後でα雄と縄張り争いするという状況が発生したのだ。その状況で卍巴飛翔が長く続いたということは、β雄もある縄張りを占有した時間が長くなると、その縄張りをめぐる闘争への動機づけ（やる気）が上がり、卍巴飛翔から引き下がりにくくなるのだろう。しかし、最終的には元のα雄が勝った。縄張りを連日保持しているα雄とは、過去にその縄張りを占有した時間が最も長い個体なので、闘争への動機づけが最大の個体である。これが、β雄との闘争に勝ち続けることができる秘密なのではないか？

科学研究は、例外的な一例観察だけから結論を出すことはできない。再現性、つまり同様の現象が何度も観察される必要がある。何度も観察するとなると、今回のように、極端に暑い日にα雄が縄張り行動を一時的にやめていた、というような偶然の出来事に頼るわけにはいかない。複数回におよぶ実験が必要となる。ここで活躍するのが、サンプル採集のために見つけた、楢川村の谷だった。ここは縄張りの数もチョウの数も多いので、実験数をこなすには最適の調査地なのだ。

長野市での観察を再現するために、次のようなα雄除去実験を計画した（図8）。まず、ある縄張りのα雄を捕獲して、網かごの中に入れておく。空になった縄張りでしばらく待っていると、β雄がその縄張りを占有する。そのβ雄に縄張りを四〇分間占有させた後で、網かごを開けて、捕獲していた元のα雄をリリースする。縄張りに戻ったα雄がβ雄の視界を横切ると、β雄が反応して二頭の間で卍巴飛翔が起こるので、その継続時間と結果を記録する。

次に、そのα雄をもう一度捕獲する。空になった縄張りでしばらく待っていると、他のβ雄がその縄張りを占有する。その雄に縄張りを一分間占有させた後で、捕獲していたα雄をリリースする。α雄がβ雄の視界を横切ると、二頭の間で卍巴飛翔が起こるので、その継続時間と結果を記録する。

つまり、縄張りでの滞在時間が四〇分のβ雄と一分のβ雄で、α雄との闘争の様子が変わるかを比較したのだ。もちろん、滞在時間四〇分とは、長野市で観察した事例を真似たものであり、滞在時間一分とは通常に近い状態、つまり縄張りに飛来したβ雄が、すぐにα雄に見つかる状況を真似たものである。これを一セットとして、合計七セットの実験をおこなった。

とあっさり書けば、実験は予定通りこなせるものと思うかもしれないが、そんな都合よくことが進むわけではない。そもそも、捕獲したα雄をリリースしたからといって、自分の縄張りに戻ってきて、そこにいるβ雄と闘争する保証はない。捕獲ストレスのせいで、一目散に逃げてしまって戻ってこないかもしれない。もちろん、個体識別のために捕獲して油性ペンでマークしたα雄をリリ

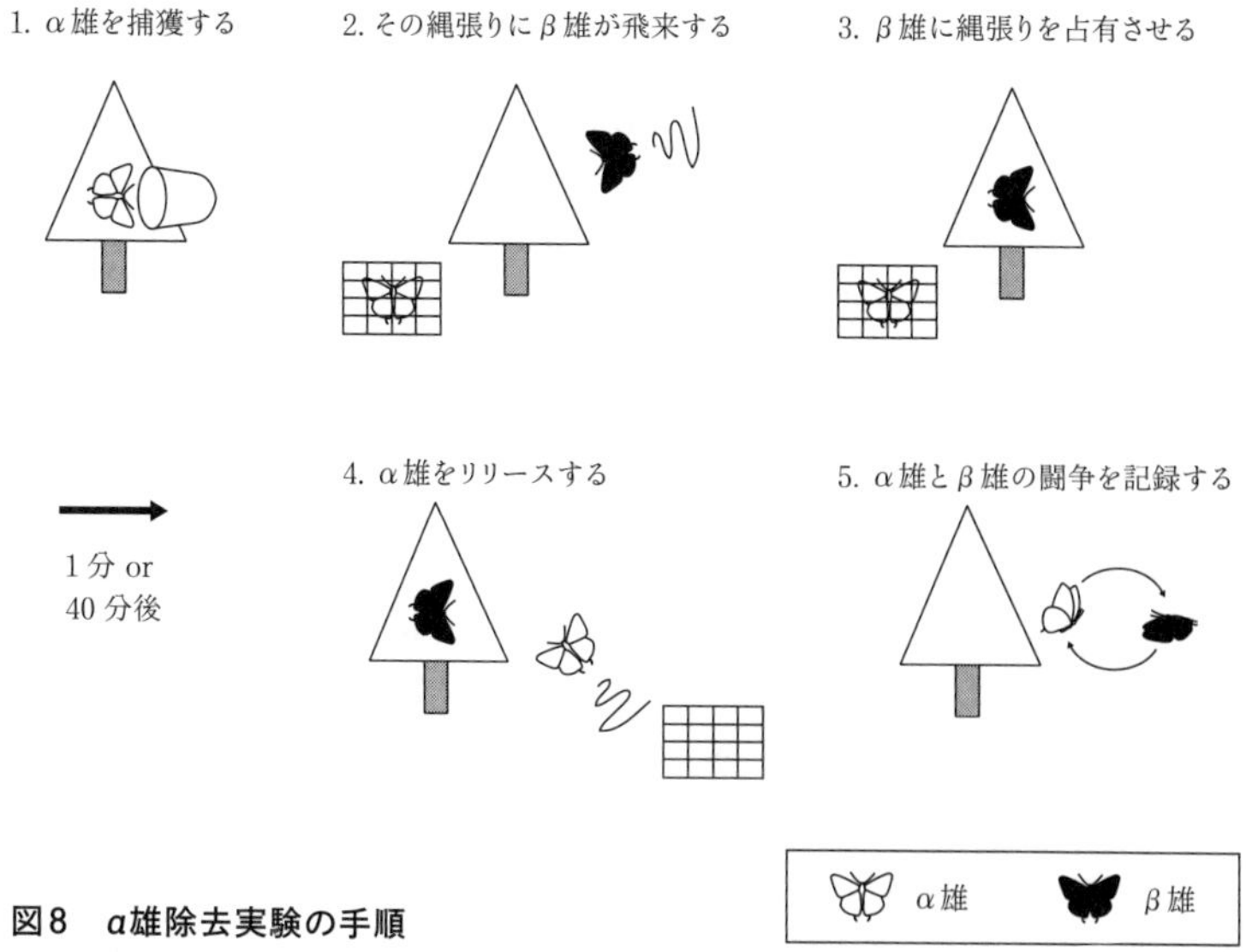
1. α雄を捕獲する
2. その縄張りにβ雄が飛来する
3. β雄に縄張りを占有させる
1分 or
40分後
4. α雄をリリースする
5. α雄とβ雄の闘争を記録する
α雄
β雄

図8　α雄除去実験の手順

ースしたら、そのまま縄張り行動することはわかっていたから、捕獲ストレスのために縄張りに戻ってこないことはないだろうとは思っていた。しかし、個体識別するときは、捕獲してマークを付けたらすぐにリリースするが、α雄除去実験では一時間も捕獲してからリリースすることになる。リリースした後に同じように行動する保証はない。つまり、デザインした実験が成立するかどうかは、事前にはわからなかった。

　さらに、α雄を捕獲した後にやってきたβ雄が、縄張りを一定時間占有していることを確認しなければならない。β雄がすでに個体識別された個体なら問題ないが、個体識別マークの付いていないβ雄が縄張りに来たら、本当にその個体がα雄をリリースするまで縄張りを占有していたかを確認することは簡単でない。α雄を捕獲している間に他の雄と争えば、どちらが縄張りに戻ってきたかが簡単にはわからないのだ。かといって、個体識別されていないβ雄を捕獲して個体識別マークを付けると、実験に大きな攪乱を与えてしまう。仕方がないので、翅の破れや傷の位置から、何とか実験中だけは、縄張りを占有しているβ雄を個体識別していた。α雄とβ雄の標本を採集して体のあちこちを計測するよりも、行動実験の方がはるかに大変なのである。

また、α雄除去実験を試みた年の木曽谷では、シーズン前半はなぜかメスアカミドリシジミが極端に少なく、α雄を捕獲しても、β雄がその縄張りに現れず、実験が成立しないことが多かった。メスアカミドリシジミのシーズンに入った七月頭からずっと天候不順で、活動性が落ちていたのかもしれない。今年はもうダメかとも思われたが、久しぶりに晴れた七月一五日を境にメスアカミドリシジミの個体数が増えて、実験ができるようになったのである。フィールドワークにはこういうアクシデントは付き物で、予定通りに研究が進む方が稀だと思った方がいい。メンタルの弱い人だと、シーズンの半分を過ぎた時点で実験ができていないと、計画が悪かったとあきらめてしまうかもしれないが、そういうメンタリティでは不確実性の大きい自然界で研究はできない。

不運にもめげずに実験を続けたご褒美というわけではないが、目論見通り実験は成立した上に、得られた結果は明確だった。いずれの闘争でも元のα雄が勝ったが、闘争時間は、四〇分滞在したβ雄で平均八分ほど、一分間滞在したβ雄で平均一分ほどだった。[10] つまり、長野市で偶然観察した事例が再現できたのである。予想通り、ある縄張りを占有した時間が長くなるにつれて、その縄張りをめぐる闘争から引き下がりにくくなることが明らかになった。

ところで、四つ前の節で、他のミドリシジミ類の縄張り活動は、朝か夕方の短い時間だけに限定されるのに対して、メスアカミドリシジミは一〇時頃から一七時頃まで縄張り活動している話が出てきたのを覚えているだろうか？　実は、α雄除去実験はメスアカミドリシジミのこの性質があって初めて可能だったのである。

この実験をするには、β雄に縄張りを占有させる四〇分が最低でも必要だが、実際にはα雄を捕獲してからすぐにβ雄が来るわけではないから、その待ち時間が必要である。さらに、β雄に縄張りを占有させた後で元のα雄をリリースしても、すぐに縄張り争いが起こるわけではない。だいたいは元のα雄はリリース直後はその場から逃げて、数分ほど経ってから戻ってくるのである。だから、この実験をするだけで一時間あまりは見ておかねばならない。すると、活発に縄張り活動するのが一〜二時間程度の種だとギリギリになってしまうので、小さなアクシデントがあるだけで（β雄が来るまでに時間がかかったとか、実験に使う予定だったα雄が遅刻してその日は縄張りに現れるのが遅かったとか）、すぐに実験が失敗してしまう。

また、ミドリシジミ類は梅雨の頃に現れるので天候が不安定なことが多い。午前中は雨だけど午後なら実験できるとか、その逆の条件の日もしばしばある。縄張り活動する時間が短い種だとそんな日は実験にならないが、一〇時頃から一七時頃まで縄張り活動しているメスアカミドリシジミなら大丈夫なので、実験成功率が上がるのである。実験数をこなす必要がある場合、これは非常に重要なことである。

さて、α雄除去実験ではα雄を捕獲した空席にやってきたβ雄を四〇分間占有させたが、この程度では闘争時間は長くなっても、闘争の勝敗は変わらなかった。β雄をもっと長く占有させると闘争の勝敗も逆転するだろうか？　試してみたくなった私は、α雄を捕獲して、β雄がその縄張りに来てから二日間占有させて、それから元のα雄をリリースしてみた。このときの縄張り争いはどちらもなかなか引き下がらず、なんと五〇分以上に及んだ。しかもその結果、元のα雄が追い出されてしまった。本当にその場所を長く占有すると、力関係が逆転するらしい。

この実験は面白いのだが、実験数を増やして科学論文にするには難しいところがあった。α雄を捕獲した後にβ雄が来ても、二日間その場所を占有しないこともあったし、途中で雨の日が入ると占有期間の評価が難しい。また、二日間も元のα雄を捕獲していると、捕獲していた間のコンディションも問題になる。このときは、日陰や室内で保管して、ときどきポカリスエットを与えていたが、それが闘争結果に影響したのかもしれない。要するに、条件をそろえた実験数を稼げないので、科学論文向きではないのである（フィールドワークはそういうものだとは思うが）。

とはいえ、私のやったα雄除去実験でわかるのは、縄張りの占有時間が長くなると、β雄が縄張り争いから引き下がりにくくなることだけである。闘争の結果は、常に元のα雄が勝っている。したがって、α雄は身体能力が高い（体重や飛翔筋の発達度では計れない飛翔能力の高さとか）から勝てている可能性は残る。何とか、β雄に二日間縄張りを占有させる実験以外の方法で、占有期間の差が縄

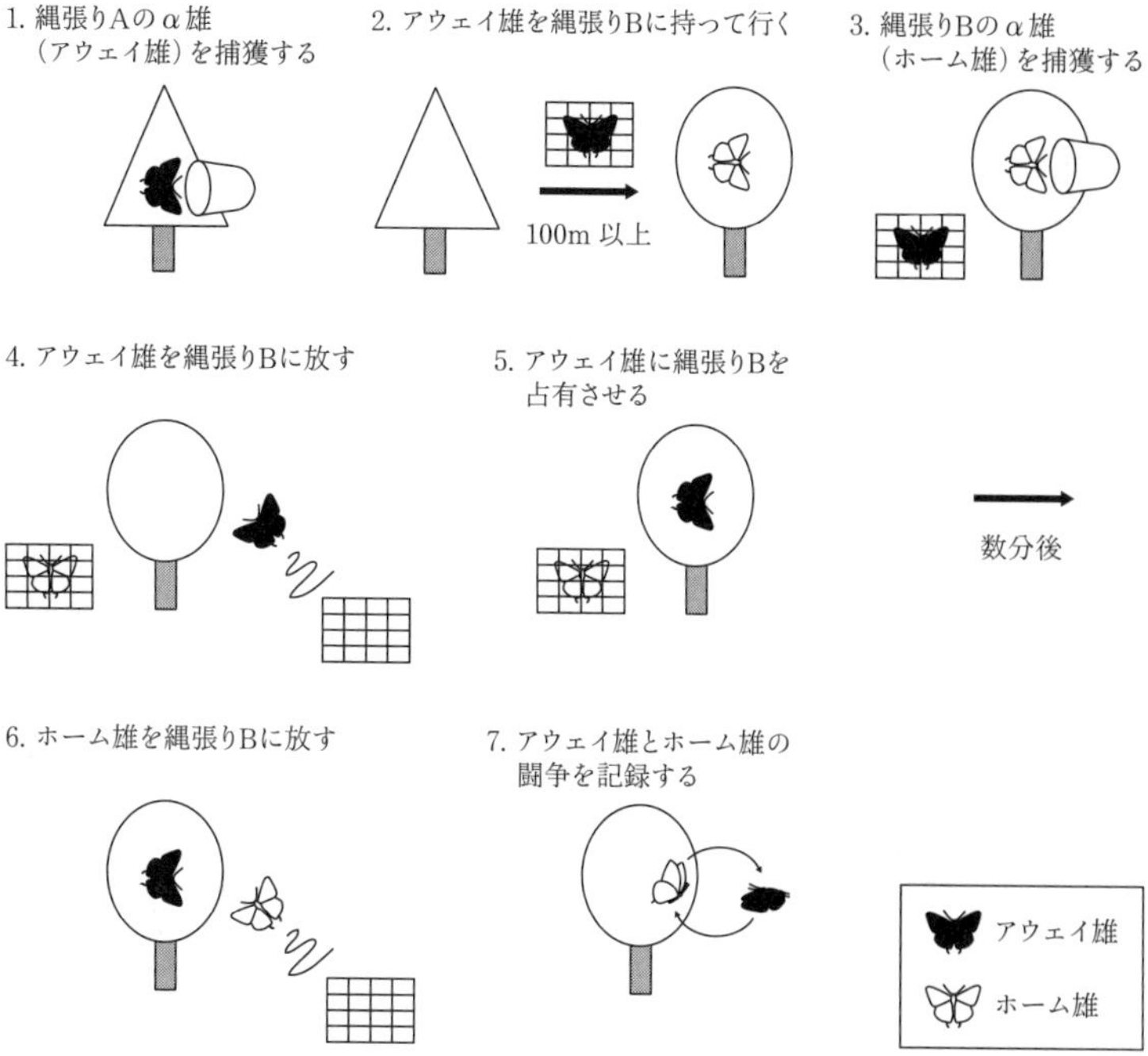

1. 縄張りAのα雄
（アウェイ雄）を捕獲する
2. アウェイ雄を縄張りBに持って行く
100m 以上
3. 縄張りBのα雄
（ホーム雄）を捕獲する
4. アウェイ雄を縄張りBに放す
5. アウェイ雄に縄張りBを
占有させる
数分後
6. ホーム雄を縄張りBに放す
7. アウェイ雄とホーム雄の
闘争を記録する
アウェイ雄
ホーム雄

図9　α雄交換実験の手順

張り争いの勝敗を決定することを示す実験をしたい。

そこで、本田先生のアイディアを借りて、次のようなα雄交換実験をおこなった（図9）。ある縄張り（縄張りAとする）のα雄を捕獲して網かごに入れて、別の縄張り（縄張りBとする）まで持って行く。縄張りBのα雄を捕獲して別の網かごに入れて、空になった縄張りBに縄張りAのα雄をリリースする。縄張りAのα雄が縄張りBを占有したところで、捕獲していた縄張りBのα雄をリリースする。二頭で起こる卍巴飛翔の結果を記録する。この実験を七回繰り返す。

わかりやすくするため、別の縄張りに連れてこられた雄をアウェイ雄、自分の縄張りの保持者をホーム雄とよぶことにしよう。この実験に用いたアウェイ雄とホーム雄は、どちらもα雄なので、対戦者の間に系統的な身体能力の差はない。差があるのは、過去に自分が保持してきた縄張りか（保持期間丸一日以上）、今やってきたばかりの縄張りか（保持時間平均一五分）の差である。

この実験も楢川村の谷でおこなった。α雄交換実験をする際のポイントは、二つの縄張りがおよそ一〇〇メートル以上離れていることだった。縄張りAとBが近いと、縄張りBにリリースされたアウェイ雄は元の縄張りAに戻ってしまって、実験が成立しないことが多かった。長野市の草地は長辺が約二五メートルなので、その範囲にある縄張りどうしでは、α雄交換実験ができないのだ。こうしてみると、楢川村に理想的な調査地を見つけられたことが、私の研究を形にしたことになる。もしこの調査地を見つけられていなかったら、私の大学院時代の研究は実らなかったかもしれない。

さて、α雄交換実験の結果は、すべての試行において、ホーム雄がアウェイ雄を追い出して、縄張りを取り返した。[11] この結果から、本当に、過去にその縄張りを占有した時間の長い個体が、縄張り争いに勝っていることが明らかになった。相手を攻撃するわけでもないチョウなのに、特定のα雄が縄張り争いに勝ち続けられるのは、その縄張りに対する動機づけが高いからである。擬人的に言えば、愛着のある場所ほど縄張り争いに多くを投資するので、結果的に勝てるのである。

一連の研究の流れを振り返ると、六月のある暑い日に偶然観察された出来事がきっかけになって、それまで複雑怪奇に見えていたメスアカミドリシジミの縄張り争いを支配する仕組みが、一気に解明されたことになる。研究が進むときはこういうもので、どこにヒントが落ちているかわからないので（それがわかっていれば謎ではない）、それをつかむまでは暗中模索を続けることになるが、ヒントをつかめば有力仮説が立つので、その後はあっけないほど簡単だったりするのだ。

大学院時代に得たもの

さて、ここまでの内容が、二〇〇六年三月に博士号を授与された私の研究である。もちろんそれが、私の大学院時代の研究成果であるが、得られたものはそれだけではない。大学院時代は、私のチョウに対する姿勢が変わっていった時代でもある。

チョウの採集に熱中していた中学高校時代から、大学生になってギフチョウの配偶行動の研究（の実働部隊）を経験して少しチョウの見方が変わったとはいえ、学部生の頃はまだチョウの採集が中心だった。大学生になると行動範囲が広がって、北海道や沖縄をはじめとして、中学高校時代には行けなかった場所にも行けるようになる。今まで見たこともない風景の中で、初めて見るチョウを採集することは、新鮮な刺激に満ちていた。

大学院生になった頃は、まだその感覚を持っていた。だから、縄張り行動の研究のために調査地を探しに行っても、初めて訪れた場所では、まずはゼフィルスを採集していた。美しい標本や珍しい標本を残すことに大きな価値を見出していたのである。

しかし、行動の研究をしているうちに、標本は死体に過ぎないと思うようになってきた。標本にしてしまえば、卍巴飛翔を繰り広げる姿も求愛する姿も見えないし、調べることもできない。標本からわかることは生物の形だけで、生物の機能はすべて失われているのである。逆に言えば、標本集めをしていた頃は、生物の機能は二の次だった。

もちろん、標本は生物の同定（名前を調べる）には役立つし、研究対象種の証拠にもなるから、少しはあった方がいいのはわかっている。しかし、標本をコレクションしようとは思わなくなった。学部生時代のギフチョウの配偶行動の研究が、コレクションからの卒業のきっかけだったとしたら、大学院時代のメスアカミドリシジミの縄張り行動の研究は、コレクションからの卒業のプロセスだった。

少年時代の私をチョウの世界に惹きつけるうえで、コレクションが大きな役割を果たしたのは間違いないし、その過程で得た知識と経験が私の研究を支えていたことも確かである。しかし、コレクション主体の活動から卒業したことは、よかったと思っている。チョウの生きている姿が興味の中心になったし、チョウの生息する環境にも大きな関心をもつようになった。そうなると、コレクションしていた頃より、チョウを探すのも上手くなるのである。さらに、個人コレクションには大きな問題がある。もしも私がずっとコレクションを続けていたら、自分の死後には捨てられる運命にある標本を大量に抱えて、その行く末を案じていたかもしれない。

それと並んで、私の意識を大きく変えたのは、研究論文を書いたことだったと思う。私は中学生の頃から、自分の興味と情熱だけにまかせてチョウを追っていた。自分が楽しければそれでよかった。だから、研究を発表する、つまり自分のしたことを他人に見せる、という意識がまったくなかった。学部生のときにギフチョウの研究をしても、それを発表することはまったく考えていなかったので、その結果をもとに論文を書いたのは夏秋さんだった（私も共著者になっていたが）。私は博士課程三年になるまで、つまり博士号の取得を考えなければならなくなるまで、論文を書こうと思った記憶が一度もない。当時の動物行動学研究室は、あまり学生にうるさく言わなかったので、そんな大学院生もいたのだ。おかげで、いざ論文を書き始めるとそれなりに苦労する羽目になり、最初の論文が出版されるまでに二年近くかかった。その過程で、私が中学生の頃にチョウを採りに行くための参考に使っていた文献のことを思い出した。その本は、きっと誰かが他人に伝えようと書いたもので、それがあったことで私の世界が広がったんだと思うと、自分のしたことを他人に伝える意識を持つようになったのである。

七月の大雨

二〇〇六年は三月に博士号を取得したこともあって、ここ数年になくゆとりのあるゼフィルスシーズンを過ごしていた。主にやっていたことは、発表用のメスアカミドリシジミの生態写真の撮影と、追加の実験だった。というのは、α雄交換実験の結果をまとめて学術誌に投稿した論文が、実験数が少ないことも理由の一つとなって、掲載不可にされてしまったのだ。実験数七回はたしかに微妙ではある（統計的には有意差があったので、最低限の基準はクリアしていたのだが）。

シーズンの前半は写真撮影に使って、後半でそろそろ実験しようかと思っていた七月中旬のある日から、木曽谷では雨が降り出した。梅雨末期だから少々の豪雨があるのは例年通りなのだが、今回は規模が違った。なんと三日三晩にわたって雨が降り続いたのである。もちろんこの期間は実験などできなかったが、それだけではすまない。

ようやく雨が上がった四日目の午前中、滞在していた木曽生物学研究所から外に出て、橋の上から木曽川を見下ろすと、溢れんばかりの泥水が流れている。調査地の様子を見に行こうとしたが、国道一九号のあちこちで崖が崩れており、行くだけでも難儀した（よく途中で通行止めになっていなかったものだ）。調査地の入り口に着くと、谷に入る林道は路肩が崩れており、谷には見たこともないような大量の水が轟音を立てて流れている。さらなる土砂崩れが発生してもおかしくない状況に思えたので、調査地に入るのは危険だと判断して、すぐに木曽生物学研究所に引き返した。木曽地方のライフラインはJR中央本線と国道一九号だが、どちらも木曽への入り口で止まっていた。つまり、この日の時点では、木曽地方は孤立していたのである。

幸い木曽地方の孤立はすぐに解消されたので、関西に戻って今後の対応を考えた。最大の問題は、調査地の谷に入っても危険はないかということである。天気に関して聞きたいことがあれば、1章にも出てきた気象台の松本さんである。さっそく電話をして今後について相談したところ、土砂崩れが発生する確率は、雨が上がって一二時間後くらいから指数関数的に減少するとのことだった。つまり、数日もすれば調査地で土砂崩れに巻き込まれるリスクはほぼなくなることになる。それなら、今シーズンの実験は何とか続けられそうだ。

豪雨が過ぎて一週間ほど経って天候も安定してきた頃、そろそろ土砂崩れの危険もなくなったと判断して、調査地を訪れた。谷の水量は元に戻っていたが、林道はあちこちで崩れ落ちていた。小さい支流が林道と交差するところでは、流されてきた土石が積もって、ことごとく道をふさいでいた。それでも何とか林道を歩くことはできたが、谷の地形は大きく変わっていた。大雨で極端に増水したために、谷に沿って生えていた木々がなぎ倒されて、川幅が広くなっていたのである。

この変化は、メスアカミドリシジミの縄張り行動に大きな影響を与えた。谷の両側に生える木々は谷に向かって枝を伸ばす。その枝と枝の間が直径数メートル程度の空間になっているような場所に、メスアカミドリシジミは縄張りを構える。そういう場所を狙ってこの谷を見つけたことは先にも書いたとおりだ。ところが、川幅が広がったために、谷の上に広がる空間が広くなりすぎた。広くなりすぎた空間はメスアカミドリシジミが好まなくなり、もうそこで縄張り行動をしなくなってしまったのである。

それでも、大雨による増水の影響が比較的少なかった場所では、メスアカミドリシジミが谷に沿った空間で縄張り行動をしていた。谷沿いで見られた縄張りの数は半分以下になったが、それでも最低限のα雄交換実験だけはおこなうことができたのは、不幸中の幸いだった。縄張りの数が半分以下になるような大打撃を受けても、ある程度の数の実験をこなせたのは、この調査地の規模（縄張り数）が大きかったことを意味する。こうした不測の事態に備えるためにも、規模に余裕のある調査地を見つけるに越したことはないのである。

なお、二〇〇六年は私にとって危険なことが多かった。大雨に見舞われる前に調査地に入って、林道から谷底を眺めていたら、斜面の上からカモシカが猛スピードで駆け下りてきて、私のすぐ左横を通過して、谷底へ向かって走り去って行った。何かに驚いて一目散に逃げていたのだろうか。もし私にぶつかられていたら、私は谷底に突き落とされていたはずである。私が今ここで文章を書けているのは、カモシカの走路がわずかに左にずれていたおかげかもしれない。

早い者勝ちの法則

二〇〇七年四月から広島大学に移った私は、しばらくはメスアカミドリシジミは扱わないで、3章に出てくるクロヒカゲの配偶行動を研究するつもりだった。しかし、一つ気になることがあった。メスアカミドリシジミの縄張り争いの優劣が、その場所を過去に占有した時間で決まっているのなら、成虫シーズンの初期に現れた雄が有利になりそうである。なぜなら、シーズン初期はまだライバルがいないので、争うことなく縄張りを占有する経験が得られるからである。これはぜひ確かめてみたいことだった。メスアカミドリシジミの出現期は限られているので、一シーズンくらいならサブテーマとして取り組むこともできるだろう。

どこを調査地にするかは少し迷った。広島大学にいる期間は三年しかない上に、別の研究テーマを持っていたから、サブの研究のために調査地探しから始めるのは無理がある。そうなると、大学院時代に通った長野県の調査地でやるしかない。とはいえ、二〇〇六年の大雨で縄張り数が半数以下になった楢川村の谷では、十分なサンプル数が得られないかもしれない。長野市の調査地では、もちろんサンプル数が足りない。

候補になったのは、長野県松本市の藤井谷である。二〇〇五年に長野県でフィールドワークをし

藤井谷

谷に沿って付けられた林道の
両側に、落葉樹林が広がる。

ていたときに、リザーブの調査地候補として、信州大学出身の後輩に藤井谷に連れて行ってもらったことがあった。藤井谷はメスアカミドリシジミの産地の規模としては、二〇〇五年の時点では楢川村の調査地よりは小さかったが、縄張り数が半数以下になった今の楢川村の調査地よりは大きそうだった。ならば、藤井谷を調査地にしよう。

研究方法はルートセンサスを採用した。ルートセンサスとは、あらかじめ決めた調査ルート沿いをゆっくり歩いて、ルートの両側で見られたチョウを記録していく方法だ。メスアカミドリシジミが出現する少し前の日から谷沿いの林道を一時間ごとにルートセンサスする。メスアカミドリシジミが現れたら片端から油性ペンで個体識別マークを入れて、どの雄が成虫シーズン何日目に現れたかがわかるようにした。すでに個体識別マークの付いている雄は、その行動を記録する。そうしておいて、縄張り活動の最盛期（縄張り争いが最も多かった日）に、いつ現れた雄がα雄だったかを調べるのだ。

ただし、メスアカミドリシジミは枝先で活動するチョウなので、ただ歩きながら見ているだけでは見落とすことが多い。そこで、長竿で林道の両側の木を軽く叩きながらセンサスする方法をとった。そうすることで、飛び立ったチョウを確認できる。縄張り行動中の雄は、少々おどかされても縄張りに戻ってくるので問題ない。少年時代にゼフィルスを採集するために使っていた叩き出しの転用である。もちろん、木の枝先で活動するチョウの観察には、双眼鏡は必需品だ。

松本市藤井谷でこの研究をするうえで、一つの懸念事項があった。それは、長野市や楢川村の調査地と違って、藤井谷は昆虫採集案内に載っているくらい、昆虫の好きな人にとって有名な土地だからだ。この研究は、メスアカミドリシジミを個体識別して、その個体をずっと観察し続けられなければならない。藤井谷を訪れた一人の虫好きが、縄張り行動中のメスアカミドリシジミをいくつか採集しただけで、研究は崩壊してしまう。

このリスクを最小限に抑えるために、谷の目立つところに、調査中だからメスアカミドリシジミを採らないでほしい旨の看板をつるすことにした。土地の区長さんを訪ねて事情を説明すると、看板をつるすことを了解してくれた。強制力はないから、それでも採る人がいたら仕方がないけれど、打てる手は打つ。たとえ藤井谷での研究が失敗しても、栖川村でもう一度チャンスがある。なぜなら、メスアカミドリシジミの出現期は藤井谷の方が早いので、藤井谷で上手くいかないことが半月以内に判明すれば、まだメスアカミドリシジミが出現していない栖川村で同じ研究ができるからだ（サンプル数不足になる恐れはあるが）。

この研究で決定的に重要なことは、藤井谷にメスアカミドリシジミの雄が最初に現れる日を、なるべく正しく予想することである。調査を始めた時点で、すでにメスアカミドリシジミが調査地で縄張り活動していたら、どの雄が最初に現れたかがわからないので、研究が失敗する。だからといって、メスアカミドリシジミが現れる一ヶ月も前から調査を始めていたら、あまりにも時間の無駄だ。最初の雄が現れるちょっと前からフィールドワークを始める必要があるのだ。

昆虫の出現期はおおむねその年の気温で決まる。二〇〇八年の気温の推移を追っていた私は、藤井谷のメスアカミドリシジミが出始めるのは六月一五日頃と予想して、その数日前から松本市に行くことにした。チョウマニアは行き慣れた場所のチョウが例年いつ頃出現するかはおおよそ見当がつくので、その年の気温の平年比を見れば、その年のチョウの出現期をかなり正確に予測できるのだ。気象庁が発表するソメイヨシノの開花予想のメスアカミドリシジミ版を、自分でするわけである。

六月一一、一二日に藤井谷を訪れて、チョウの季節進行を確認する。一一日の時点でメスアカミドリシジミが出ていたらこの研究はアウトだが、さすがにそんなへマはしない。さて、広島では気温だけからメスアカミドリシジミの出現期を予想していたが、現地に着けば気温以外の情報が手に入る。他のチョウの出現状況だ。日本にゼフィルスは二五種いるが、同じ場所に生息している種でも、微妙に出現期が違う。私の経験上、藤井谷でよく見られるゼフィルスは、アカシジミ、メスアカミドリシジミ、エゾミドリシジミの順に現れる。種ごとの差は二〜三日からせいぜい数日なのだが、ちゃんと差はある。六月一一、一二日の二日間調べても、まだアカシジミは見つからなかった。ということは、明日(六月一三日)アカシジミが出ることはあっても、メスアカミドリシジミが出るのは少なくとも三〜四日先だろう。そう判断した私は、翌六月一三日は上高地に遊びに行った。広島に住んでいる私にとって、北アルプスの山を訪れる機会は貴重なのだ。

さて、六月一四日から藤井谷でルートセンサスを始めた。この日にアカシジミが初めて確認されたので、二〜三日後にメスアカミドリシジミが出てくることが予想される。最初のメスアカミドリ

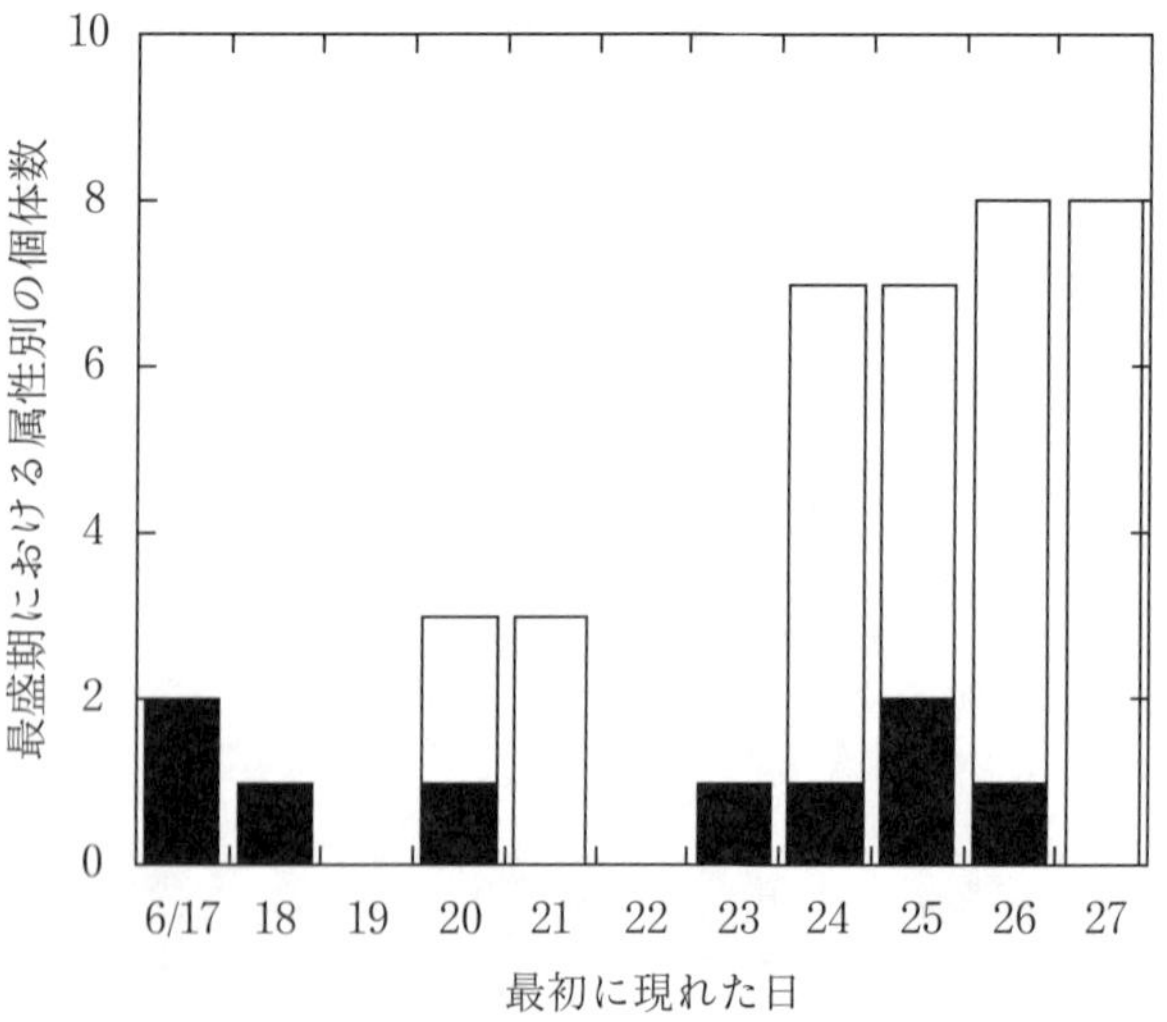

図10　雄の出現日と最盛期（6月28日）における属性の関係（黒：α雄、白：α雄でない）

例えば、最初に藤井谷に現れたのが6月24日だった雄は7頭いて、そのうち1頭が最盛期にもα雄で、6頭はα雄ではなかったことを表している。

シジミが現れたのは六月一七日だった。出発前の予想から二日遅れだが、この程度なら誤差の範囲である。この日は二頭の雄が縄張り行動を始めた。翌日からはあまり天気の良くない日が続く中で少しずつ個体数が増えてきたが、一気に増えたのは久々の晴天となった六月二四日だった。六月末に雄の活動はピークとなり、個体数の多い縄張りでは常に卍巴飛翔が見られるような状態だった。七月に入った頃から、雄の活動は漸減していった。咲き始めたサクラが五分咲きから満開になって、だんだん散っていくようなものである。

この調査は雄の縄張り活動がほぼ終了する七月一二日まで継続した。メスアカミドリシジミの縄張り活動の最盛期は六月二八日だった。それぞれの雄が最初に藤井谷に現れた日を調べると、予想されたように出現日の早い雄の方がα雄になっている確率が高かったのである。[11] 初日に現れた二頭の雄は、この日もα雄だった(図10)。

懸念された採集者問題だが、調査期間中にチョウを採集する人は一人も現れなかった。夏休み期間でもないし、それほど心配はなかったのかもしれない。

さて、研究結果は予想通りだが、以前の結果と少し矛盾するところもある。シーズン初期に現れた雄というのは、原則的には日齢の大きな雄ということになるはずである。ということは、到着日の早い雄がα雄になりやすいのだから、日齢の大きな雄の方がα雄である確率が高くなるだろう。しかし、大学院生時代の研究では、個体の日齢とα雄であることとの関係は見出されなかった。最大の原因は、標本から推定した個体の日齢が、かなり大雑把だったからだと思う。日齢を経た個体ほど翅が傷んでいるという仮定の下で、翅の傷み具合から日齢を五段階で評価していたが、その程度ではあまり正確に推定できていなかったようだ。といっても、標本からそれ以上正確に日齢を推定することも難しい。このあたりが、標本を計測して得られる情報の限界でもある。やはり、生物は生きている姿を調べるのが原則なのである。

縄張りは何のため？

ここまで、メスアカミドリシジミの縄張り争いについて調べてきたが、長くなったので結論を簡単にまとめておこう。

1. メスアカミドリシジミの雄は、午前一〇時～一七時頃、主に沢沿いに樹冠が開けて小さな（直径数メートル程度）空間になっている場所を占有する。枝の張り方が変わるくらいの変化がない限りは、同じ場所（空間）が何年も縄張りになる。
2. 縄張りとなっている空間を横切る昆虫が現れると、それに向かって飛んでいく。その昆虫が異種だった場合はすぐに追いかけるのをやめるが、同種の雄だった場合は、2頭で卍巴飛翔による縄張り争いをおこなう。
3. 一七時頃になると、雄は縄張りからいなくなるが（どこに行くかは不明）、翌日の午前一〇時頃には再びその場所に現れる。
4. 同一の縄張りは、連日同じ雄（α雄）によって占有されていることが多い（ということは、縄張りの場所を正確に記憶していることになる）。

5. α雄が縄張りを防衛し続けられるのは、身体能力が高いからではない。過去にその縄張りを占有した時間の長い雄は、その場所をめぐる卍巴飛翔を長く続ける「動機づけ」が高いからである。
6. 5の闘争ルールの下では、成虫シーズンの初期に現れた雄が、その後もα雄である確率が高い。

ここまでの研究は、雄の縄張り行動がどのようにおこなわれているかを明らかにした。しかし、縄張りにどのような機能があるかについては触れてこなかった。それは、直接的な証拠が不足しているからである。状況証拠としては、縄張り内にねぐらも吸蜜源などのエサもないこと、雄だけが縄張り行動を示すことから、配偶縄張りだと考えるのが合理的である。1章で出てきたギフチョウは雄の集まる山頂で交尾が観察されたし、オオミドリシジミでも同様だった。縄張りで交尾の頻度が高いことは、ヨーロッパに生息するベニシジミや、3章に出てくるクロヒカゲでも報告されている。

ただし、メスアカミドリシジミの場合、雄の縄張りで交尾が観察されるケースは非常に少ない。私は七シーズンほどメスアカミドリシジミの縄張り行動を観察して、交尾が成立した場面は二回見たことがある。どちらも、飛来した雌が雄の縄張りを横切ったところで、その縄張りのα雄がその雌を追いかけて、雌が付近の枝先に静止すると雄もその隣に止まって、交尾が成立した。飛来した雌を雄が追いかけたが、交尾に至らなかった事例は数回見たことがある。しかし、いくら何でもこれは少なすぎるだろう。七シーズンでの観察日数は二〇〇日にはなるのだから。そもそも、野外でメスアカミドリシジミの雌を見る機会自体がかなり稀である。一般に樹林性のチョウでは、縄張り行動のような目立つ行動を示す雄に比べて、雌の方が目撃されにくい傾向にある。枝先でじっとしていたら人間の目には入らないからである。とはいえ、野外でメスアカミドリシジミの雌が見つかりにくい傾向は著しい。

今のところ、わずかな配偶行動の観察例と他のチョウのデータから推察して、メスアカミドリシジミの縄張りは配偶縄張りだと結論しておく。私は、メスアカミドリシジミの雌は雄のような目立つ活動をしないから目撃されにくいだけではなく、本当に雄よりも数が少ない可能性もあると考えている。この話は次節にしよう。

メスアカミドリシジミは雌が少ない？

人間の男女比はだいたい1：1である。そこから類推して、生物の性比は1：1になっていて当然と思われるかもしれないが、そうとは限らない。チョウで性比が偏る現象は、リュウキュウムラサキが有名だ。リュウキュウムラサキの雌は一〇〇個くらいの卵をまとめて産むが、そこから雌ばかり出てくることがしばしばあることが昔から知られていた。この現象は謎だと思われていたが、リユウキュウムラサキに感染するボルバキアという微生物が、雄を殺すことが明らかにされている[12]。

一般に、野外で昆虫の性比を確かめることは簡単ではない。前述のように、雄と雌で活動性が違うので、野外で採集した標本の性比を比べたら、人間に目立つ行動を示す性（多くの場合は雄）の方が多くなってしまう。この偏りを避ける方法として、野外から卵を採集してきて飼育して、羽化してくる成虫の性比を調べることが考えられる。卵の段階だと動かないので、どちらの性が目立つということはなさそうだ。

野外でメスアカミドリシジミの卵を採集することは、慣れている人にはさほど難しくない。卵は食樹のサクラ類の細い枝の分岐部によく付いている。私は二〇〇三年の秋に、長野市の調査地付近で四〇個ほどメスアカミドリシジミ卵を実験用に採集して、翌シーズンに飼育した。羽化してきた成虫の性比はほぼ1：1だった。

ここまでだと話は簡単だが、続きがある。私は二〇〇六年に、同じく実験用の成虫を得る目的で、メスアカミドリシジミの幼虫を採集した。幼虫は卵よりも数が少ないため（途中で死ぬ個体が出るから）採集効率は悪いのだが、春になってから思い立った実験だったので、もう卵の採集には間に合わなかったのだ。五月に長野県の松本市と軽井沢町で採集した二〇頭ほどの幼虫を飼育すると、雄：雌は約2：1だった。サンプル数が少なかったので偶然偏りが出たのかもしれないと思っていたが、三年後に別の人が軽井沢町で採集した幼虫から羽化した一五頭の成虫でも、雄：雌は約2：1だった。雌の方が少なかったのだ！

野外で採集した幼虫から出てくる成虫の性比が1：1からずれたとしても、その結果が何を意味するかについては、注意が必要である。まず、昆虫は一般に雄の方が雌よりも早く成長して成虫になる。したがって、幼虫を採集する時期によっては、早く成長した雄の幼虫の方が見つかりやすくて、多く採集されたのかもしれない。

一方で、卵の段階では性比は1：1でも、幼虫の段階で雄の方が生存率が高いために、成虫の性比が雄に偏っていた可能性もある。たとえば、雌の幼虫の方が特定の病気に弱いとか、雌の幼虫の出す臭いのせいで天敵に見つかりやすい、などの要因があれば、成虫になっても雄の方が雌よりも多くなっていることは十分に考えられる。

私は、本件はこれ以上追及していない。興味のある方は調べていただけたらと思う。

フィールドワークの意義

ここまで読んでくれた方は、フィールドワークは天候や調査地の木の高さ、生物の豊凶などなど、研究者側ではコントロールできない要因に大きく影響されて、効率が悪いと思ったかもしれない。また、それなりに危険もともなう。大学の実験室のような、もっと安定した環境で研究した方が成果も出やすいのではないかという疑問もあるだろう。

その疑問に対する私の回答はシンプルだ。動物は安定した環境で生きていないので、人間の勝手な都合で安定な環境に持ち込んでも、彼らのことは理解できない。籠の中に閉じ込められた動物ではなく、野山で躍動する動物を調べなければわからないことは、たくさんあるのだ。

まず、チョウの縄張り行動を実験室で再現することには誰も成功していない。当たり前だが、チョウは彼らの論理で行動しているのであって、研究者の都合で実験室内でも野外と同じように行動しろと言っても、したがうわけがない。大学の実験室が無理なら、博物館や昆虫館にある広い温室ならどうか？

私は、兵庫県立人と自然の博物館の網室を使わせてもらって、その中にメスアカミドリシジミを十数頭放して、縄張り行動や配偶行動が観察できないか試したことがある。網室といっても11.6m×7.7m×4.0mのサイズで、中には木や草も生えていて、野外に近い条件である。しかし、メスアカミドリシジミは網室の壁に止まったままで、野外で見られるような行動はほとんど示さなかった。三日間観察を続けたら、一回だけ一頭の雄が縄張り行動時に見られるような、枝先で翅を開いて静止する姿を見せたが、それっきりだった。この試みは明らかに失敗だった。野外での行動と、網室での行動は異なるのである。

チョウの中には、マダラチョウの仲間のように、温室内でも比較的自然に行動しているように見える種もいる。こういうチョウは生体展示向きなので、昆虫館の温室でよく飛ばされている。とはいえ、温室内は野外とは温度も光条件も空気の流れも違うし、まっすぐ飛んでいたらすぐに壁に当たるという、自然界ではありえないことが起こってしまう。そのような違いがどのようにチョウに作用するかは、詳しくはわかっていない。しかし、野外と室内で実験結果が正反対になった事例は、すでに報告されている。

ダレル・ケンプという研究者は、シロチョウ科のキチョウの雄の翅が紫外線を反射していることに注目し、雌が配偶者を選ぶ際に、紫外線を強く反射する雄と交尾する傾向があるのではないかと考えて、実験をおこなった[13]。飼育ケージの中にキチョウの雄と雌を入れて自由に交配させ、交尾した雄としていない雄の翅を分析して、紫外線強度を比較したのである。その結果は、予想されたように、紫外線反射の強い雄の方が、雌と交尾している確率が高かった。

しかし、話はそう簡単ではない。野外で交尾しているキチョウのペアと、交尾していない雄を採集して、交尾していた雄と交尾していない雄の翅を分析したら、なんと紫外線反射の弱い雄の方が、雌と交尾している確率が高かったのである。室内実験と、野外調査の結果が反対になってしまった。つまり、実験室内では配偶行動を示すところまでは再現できても、誰と交尾するかとなると、再現できなかったのである。そうなった理由はわからないが、飼育環境の不自然な状態（光が網越しに入ってくるとか、相手から逃げられないなど）が影響したと考えるのが、最も素直な発想だろう。

結局は、動物は生息環境と切り離せないということだと思う。人間の都合で作られた実験室に動物を閉じ込めても、野外にいるときと同じ姿を示すわけではないのだ。このような指摘は、ファーブル昆虫記や、動物行動学を確立してノーベル賞を受賞したコンラート・ローレンツの著述の中にも、しばしば出てくる。[14] 動物園の檻の中のライオンと、アフリカのサバンナで生活するライオンでは、行動が違って当たり前だろう。どちらが本来の行動かは言うまでもない。生息環境とは切り離せない動物の本来の姿を調べられることこそ、フィールドワークの最大の意義だと考えている。

3章

二つの配偶戦略を使い分ける?

夏山の　影をしげみや　玉ほこの
道行き人も　立ちどまるらむ

紀　貫之

夏の虫

梅雨が明けて夏になると、日本の山はセミの真っ盛りとなり、ナラ類の樹液にはカブトムシやクワガタムシが集まる。私が虫好きになったのは、小学校に入る前に、父とセミ採りをしたのがきっかけである。小学生の私にとって、夏休みはまさに昆虫のシーズンだった。市役所前の桜並木でクマゼミを採っていたら、思いがけず七色に輝くヤマトタマムシが採れて感激したり、学校の近くの神社にカブトムシを採りに行って、たまに木のうろに隠れているヒラタクワガタをほじり出せると大喜びしたものだ。

　当時の友人の父に面倒見のよい人がいて、小学生数人を車に乗せて、市内の山間部にクワガタ採りに連れて行ってくれた。そこで家の近所にはいないミヤマクワガタを見た私は、親には近くに遊びに行くとウソをついて、こっそり自転車に乗って、家から一〇キロメートルほどあるその場所を再訪した。ひょんなことからそのことが親にバレたが、親は叱らずに、トラックも通る山道だし子供だけで行くのは危ないので次から行かないように、と忠告した。しかし、やはり親には内緒でまた行くのである。

　夏休みには、旅行というイベントもあった。私の父は高知市出身だったので、夏休みには家族そろって高知に帰省するのが恒例行事だった。高知市の裏には五台山という小山があり、そこを訪れて大阪では見られない南国のチョウに会うのが楽しみだった。

　中学一年の夏休みには、父に頼んで、山梨県長坂町（現北杜市）に、オオクワガタや日本の国蝶のオオムラサキを採りに連れて行ってもらった。オオクワガタは採れなかったけれど、クヌギの樹液に群れるオオムラサキの姿には感動したものである。

　しかし、この時期になると、西日本の低地で活動するチョウの種数はぐっと少なくなる。ギフチョウやゼフィルスなど、一年に一世代しか回らない（一化性）種の多くはシーズンを終え、一年に複数世代が回る（多化性）種の二世代目以降が活発に活動する時期となる。チョウマニアが季節の移ろいを感じるのは一化性のチョウだが、世代数だけを見るなら、多化性のチョウの方が研究対象とし

北海道から九州までの雑木林に普通に生息する。（撮影：三輪成雄）

ては都合がよい。研究するチャンスが年に何度もあるからだ。

二〇〇七年から日本学術振興会特別研究員に採用された私は、メスアカミドリシジミの脂肪貯蔵量を計測しにきた、広島大学の本田先生の研究室に所属を移していた。そこでは、クロヒカゲ（*Lethe diana*）というチョウの配偶行動を調べるつもりだった。

クロヒカゲは翅に目玉模様を持つジャノメチョウの仲間で、翅を広げると四センチメートルくらいだ。ギフチョウとゼフィルスの間くらいの大きさである。クロヒカゲは多化性のチョウで、第一世代は五～六月頃に現れ、第二世代が七月～八月中旬の真夏に現れる。そして、第二世代と部分的に重なるように、第三世代

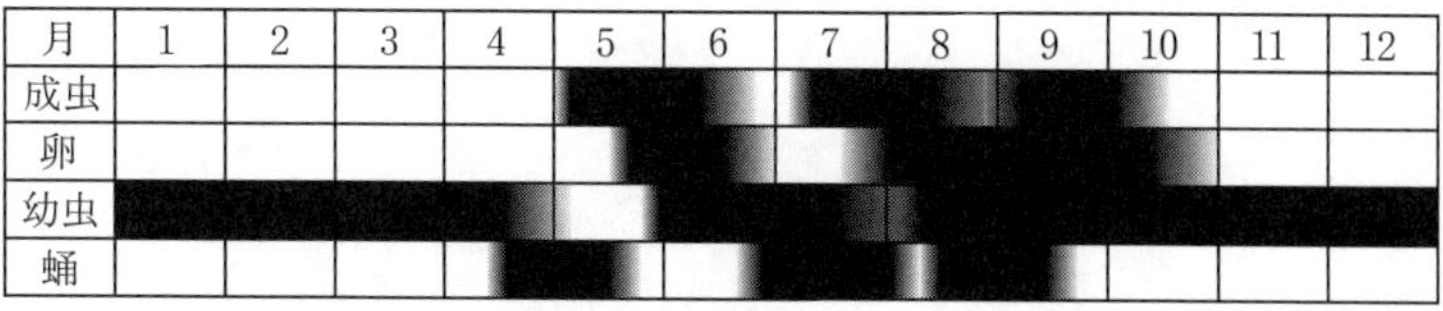

図11　クロヒカゲの生活史（広島県の低標高地）

幼虫で越冬し、春に蛹になって、初夏に第一世代が羽化する。それ以降は世代が重なりながら、10月初めくらいまで成虫が見られる。

が八月下旬から九月にかけて現れる（図11）。

ギフチョウやメスアカミドリシジミと違って、クロヒカゲの配偶行動に関しては、すでに詳しい研究論文が発表されていた。その先行研究によると、クロヒカゲの雄は、午前中に食草のササの自生地を飛び回って羽化したばかりの雌を探す探雌飛翔を主な配偶戦略とし、その日の雌の羽化が終わった午後からは、補助的な配偶戦略として縄張り行動を示すことになっていた。[1] さらに、真夏に現れる第二世代は、林内の陽だまりで縄張り行動をすると体温が上がりすぎるので、午前中の探雌飛翔のみが雄の配偶戦略で、縄張り行動はしないとされていた。[2]

2章で出てきた長野市の調査地はクロヒカゲも多く、六月にメスアカミドリシジミの縄張り行動を調べていたら、よく近くでクロヒカゲも縄張り争いをしていた。ときには、メスアカミドリシジミの縄張りに入ってきて、追いかけ合いになることもあった。大学院生のときはメスアカミドリシジミのことで手一杯で、クロヒカゲは横目で見る程度だったので、一度じっくり調べてみようと思っていたのだ。

配偶縄張りと探雌飛翔

クロヒカゲが二つの配偶戦略を示すという話が出てきたので、チョウの配偶戦略について説明しておこう。チョウの雄の配偶戦略には、大きく分けて、配偶縄張りと探雌飛翔の二タイプが知られている。配偶縄張りは、メスアカミドリシジミの研究で出てきたように、雄が特定の場所を占有して、そこに飛来した雌と交尾する性質だ。山頂や尾根に集まるギフチョウもそれに近いが、特定の場所にこだわる性質は弱いように見えるので、配偶縄張りと探雌飛翔の中間的な配偶戦略なのかもしれない。探雌飛翔は、2章のウラジロミドリシジミの節で出てきたが、縄張りのような特定の場所に固執せずに、広範囲を飛び回って雌を探す行動である。広範囲といっても、食草や食樹の周辺を飛び回ることが多い。

探雌飛翔をする種の場合は、縄張りのような争いの元になる資源がないので、原則的に闘争は起こらないはずである。しかし、例外はある。探雌飛翔をする種の一部で、雄が羽化前の同種の蛹を見つけるとそこで待って、雌が羽化してくると交尾をしかける性質があることが知られている。日本だと、キチョウやオオミスジで報告されているし、外国だと中南米に生息するドクチョウの仲間が有名だ。

蛹に集まるキチョウの雄

キチョウの蛹（中央やや上）に2頭、その下の枯れた葉に2頭、蛹の上に1頭（正面を向いている）の雄が静止している。蛹をめぐって雄同士で卍巴飛翔で争わないので、このような状態になる。（撮影：立岩幸雄）

さて、同種の蛹は配偶縄張りと同じく、将来の交尾のチャンス（雌が現れるまで待つ場所）という資源である。雌が羽化してくるまでに、他の雄が蛹にやってきたら、二頭は蛹をめぐって卍巴飛翔で争うだろうか？　普通に考えればそうなるはずだが、事実はそうではない（少なくとも、蛹をめぐって雄が卍巴飛翔で争ったという報告はない）。もちろん、相手を攻撃するわけでもない。彼らは蛹にたかっているだけで、雌が羽化してくると、我先にと交尾を試みるのである。考えてみると、これは不思議なことである。なぜ蛹に集まってきた雄たちは、卍巴飛翔をおこなって、他の雄を追い払わないのだろうか？　羽化してきた雌と交尾できる雄は一頭だけだというのに。

そういう根本的な問題はわからないので、理由はともかく、チョウには配偶競争にも二タイプがあることになっていた。卍巴飛翔に代表される、配偶縄張りをめぐる空中戦と、蛹に集まってくる雄による、羽化してきた雌と早い者勝ちで交尾する競争である。

私がクロヒカゲの配偶行動を調べようと思ったのは、配偶縄張りと探雌飛翔という二つの配偶戦略を季節によって使い分ける、メスアカミドリシジミにはない性質に興味を持ったからである。さらに、もしかしたらクロヒカゲの雄にも、探雌飛翔中に蛹に集まる習性があるかもしれないと期待していた。縄張り行動の習性のあるクロヒカゲに、蛹に集まる習性もあれば、蛹をめぐって雄同士は何か予想もしないことをしてくれるかもしれない。

論文は疑ってみよ

二〇〇七年四月、東広島市で生活を始めた私は、ギフチョウを求めて、周辺の野山を何ヶ所も訪れていた。1章で出てきたように、ギフチョウ探しは私の趣味だったが、一方でクロヒカゲの研究のための調査地探しの一面もあった。クロヒカゲは食草がササ類なので、それが多く自生していて、研究ができる程度に山に入りやすい（つまり山道がついている）場所を探していたのである。

春のギフチョウのシーズンが過ぎて、新緑がまばゆい五月になると、そろそろクロヒカゲの第一世代が羽化する頃である。第一の調査地候補は、東広島市と旧安芸津町の境にある蚊無峠に至る林道だった。四月に訪れたときに、林道沿いにずっとササが生えていることを確認していたからだ。しかし、ここは思ったほどクロヒカゲは多くなかった。

次の調査地候補は、広島大学の南西に広がる雑木林だった。用水路に沿った山道沿いにササが多く生えていた。ここでもクロヒカゲはいることはいたが、アクセスしやすい縄張りの数は多くなさそうだったので、次の候補地に向かう。2章でも述べたが、十分なデータを得るためには、数が重要なのだ。

第三の候補地は、私の住んでいたアパートの横にある二神山だった。ここの植生は、他の候補地と同じように林床にササが茂る雑木林だった。しかし、周囲を畑と町に囲まれた、やや孤立した小山だったので、あまり期待していなかった。たしかに山頂に向かう道沿いにはクロヒカゲはほとんどいなかったが、山すそを巻いて畑に出る山道沿いには、予想以上にクロヒカゲが多かった。何のことはない、アパートのすぐ近くにあった小山が、候補地の中ではベストの調査地だったのである。

さて、クロヒカゲは北海道から九州までの樹林に普通に生息するチョウである。夏にはナラ類の樹液に集まるので、小学生の頃から、カブトムシやクワガタムシを採りに行くとよくお目にかかっている。メスアカミドリシジミの調査地でもしばしば見かけた。しかし、これまでに登場したギフチョウやゼフィルスと違って、クロヒカゲは私が少年時代から一生懸命採集したチョウではない。当然、採集するために彼らの生活を詳しく知ろうとしたこともない。だから、彼らの生活についての、経験にもとづいた知識をあまり持っていなかった。

誰かに研究テーマをもらうのではなく、自分で研究を立ち上げるのなら、このような状態でいきなり研究を始めると、表面的な、つまり誰でもできるけど当たり前の結論しか出ない研究になりやすい。知らないものに対して、オリジナルな仮説は出せないからだ。それではつまらない。二〇〇七年は他に予定していた実験もあったので、研究は始めずに、二神山を中心にクロヒカゲの生態をじっくり観察して、何ができそうかを見極めることにした。

五月の第一世代を観察してみると、先行研究にある通り、午後になるとクロヒカゲが縄張り活動を始めた。林縁や林道沿いに木に囲まれた空間があると、そこがクロヒカゲの縄張りになっていることが多かった。縄張りの構造は、メスアカミドリシジミに似ている。縄張り保持者は、飛び立ってもすぐに戻ってきて、空間の方を向いて枝先に静止する。もちろん、その空間を横切って飛ぶ昆虫を追いかけるし、相手が同種の雄だと縄張り争いになる。暗くなってくる頃には雄は縄張りからいなくなり、翌日の午後になるとまた縄張りにやってくる。

また、メスアカミドリシジミよりもたくさん配偶行動が見られそう、ということにも気づいた。クロヒカゲの縄張りを観察していたら、二日連続で交尾が見られた。いずれも、縄張りを横切った雌を雄が追いかけて、雌が付近の枝先に静止したところに雄も静止して、すぐに交尾が成立した。メスアカミドリシジミだと七年で二回しか交尾が見られなかったのとは大違いである。

さて、先行研究では、午前中に雄が探雌飛翔を示し、それが主な配偶戦略ということになっていた。ところが、午前中にササの群落を飛び回っている雄はあまりいなかった。ときどき飛んでいる雄はいたが、数秒からせいぜい十数秒ほど飛ぶと、付近に静止してそのまま飛ばなくなった。

探雌飛翔といえば、中学生の頃に夢中で追っていたウラジロミドリシジミを思い出すが、彼らは夕方になると静止することなく、ナラガシワの枝先にまとわりつくように飛び回っていた。アカシジミやフジミドリシジミなど、ウラジロミドリシジミの他にも探雌飛翔をおこなうゼフィルスは何種もいて、私はその行動を大量に見ているが、どの種もほとんど止まらずに飛び続けている。そして、雌に出会うと初めてその傍らに止まって交尾を試みるのだ。一目見て気づくことだが、クロヒカゲの飛翔は飛び続けるような行動ではない。本当にこれは探雌飛翔なのだろうか？　雌を探すための飛翔なら、なぜ雌を見つけていないのに、すぐに飛ぶのをやめてしまうのだろう？

この時点で、先行研究は怪しいのではないかという疑問が生じた。先行研究を発展させることを考えるよりも、先行研究を再調査した方が良さそうである。幸い、二神山ではクロヒカゲの配偶行動がたくさん見られそうなので、どの時間帯に交尾が見られるかを調べて、先行研究の信頼性を確かめる調査も可能だろう。どうやら、蛹に集まる雄同士の争いを期待するどころではなくなってしまったようである。

夏空が眩しくなってくる頃から、クロヒカゲの第二世代が活動を始める。八月にクロヒカゲを観察していると、先行研究に対する疑問がさらに強まった。先行研究では、真夏に現れる第二世代は縄張り活動しないことになっていたが、夕方になると、ちゃんと縄張り行動を示していたのである。しかも、第一世代の雄たちとほとんど寸分たがわず同じ場所が縄張りになっていた。クロヒカゲの場合も、枝の張り方のような空間構造が縄張りの条件のようである。ただし、第一世代に比べると、縄張り活動をおこなう時間帯がだいぶ遅くなっていた。ヒグラシが盛んに鳴く頃に縄張り行動している姿をよく見た。

また、クロヒカゲの雄同士の縄張り争いを観察していると、メスアカミドリシジミの縄張り争いとは少し様子が違うことに気づいた。林縁や林の中のちょっとした空間に雄が縄張りを構えるところは同じだし、連日縄張りを保持しているα雄が存在することも同じだ。しかし、クロヒカゲの場合は、縄張りに飛びこんできたβ雄にα雄が向かっていくと、二頭は猛スピードで直線的な追尾を

縄張りをめぐって、2頭の雄が追いかけ合う。卍巴飛翔と違って、ある時点では追う個体と追われる個体がいる。（撮影：難波正幸）

おこなう。一方の雄がもう一方の雄を追いかけて、あっという間に林道を向こうの方まで飛んで行ったと思うと、また片方がもう片方を追いかけながら縄張りに戻ってくる動作を、何回も続けるのである。相手を物理的に攻撃しないところはミドリシジミ類の卍巴飛翔と同じだが、回転するような飛翔はほとんどしないのだ。

このことは重要なことを示唆しているように思われた。回転飛翔に比べると直線飛翔の方が大きな速度が出るから、より「激しい」闘争になりそうだ。そうなると、メスアカミドリシジミでは効果の認められなかった身体能力が、クロヒカゲの縄張り争いの勝敗に効いていることも十分考えられるだろう。

東広島市に来て一年目に気づいたのはこ

こまでだった。特別研究員の任期は三年なので、残り二年でそれをどのように研究にするかが問題である。研究としては二つの部分から構成されるだろう。一つは、クロヒカゲの配偶行動パターンの解明だ。先行研究が主張するように探雌飛翔と縄張り行動の両刀使いなのか、それとも探雌飛翔は幻だったのかを明らかにする部分だ。もう一つは、クロヒカゲの縄張り争いの優劣決定に、身体能力が効いているかを明らかにする部分だ。

素直に考えると、次の一年で一つ目の部分を明らかにして、クロヒカゲの配偶行動全体における縄張り行動の役割を明らかにしてから、最後の一年で二つ目の部分である、縄張り争いの優劣決定要因を解明するのが、物の順序だろう。しかし、メスアカミドリシジミの章でも述べたように、フィールドワークに不測の事態はつき物である。予定通りに研究が進まず、二つの部分のうち一つしかできずに特別研究員の任期が終了するケースも十分ありえる。

そう考えると、優先順位の高いことから手を付けるべきである。当時の私の主な問題意識は、相手を攻撃しないチョウという動物がどのように争うのか、という点にあった。ならば、二つ目の部分から始めるのは当然だった。

クロヒカゲの縄張り争い

二〇〇八年は、クロヒカゲの縄張り争いの優劣決定に、身体能力の効果があるかを調べていた。方法はメスアカミドリシジミのときに使った手と同じだ。まず二神山で縄張り行動しているクロヒカゲを捕獲して、油性ペンで個体識別記号を入れる。個体識別すると、どの雄がどの縄張りを保持しているかがわかるので、連日縄張りを保持していることが確認されたα雄を採集する。その縄張りで待っていると、別の雄が飛来してそこを占有するので、その雄も捕獲する。この雄は、もし私がα雄を採集しなければ追い出されていたはずの雄なのでβ雄とする。このような、α雄とβ雄のペアをたくさん採集して、研究室に持ち帰って、体重、日齢、飛翔筋発達度、脂肪貯蔵量を計測して比較するのである。

この年は五月三日に最初のクロヒカゲの雄が見られた。その後だんだん個体数が増えてきて、五月一〇日を過ぎた頃から縄張り活動が盛んになってきたので、サンプル採集を開始した。クロヒカゲの縄張りは地上二メートルから数メートル程度の高さに形成されることが多く、それほど長い竿を使わなくても採集できた。メスアカミドリシジミでは、最初の調査地ではサンプル数が足りないという問題が発生したが、二神山にはクロヒカゲがたくさんいたので、そんな問題とは無縁だった。

しかも、二神山はアパートの横にあったので、歩いて行けばすぐである。

それでは何の障害もなく研究が進んだかといえば、そうでもない。二神山に通い始めて半月ほど経った頃、いつもの山道を歩いていると、突然犬に吠えたてられた。山道の先を見ると、三頭の犬がこちらを睨んでいる。遊びに来たのであれば、無用なリスクは避けてひとまず撤退するところである。しかし、二神山は優れた調査地である。ここで怖がって引き返すと研究にならない。大きな犬でもないし、私は採集用の竿を持っているから、たとえ襲われても戦えるだろう。吠えたてる犬に向かって進んでいく。犬と私の間が詰まってきたところで、犬たちは吠えながら林の中に後退し始めた。引き下がったな、と判断した私は、林の中から吠える犬を横目で見ながら、山道を進んでいったのである。

三頭の犬との小競り合いは、これで終わりではない。この日から、クロヒカゲの縄張り争いを調べる前に、まずは私が三頭の犬と縄張り争いする日々が続くことになった。突然至近距離で出くわして、お互いに後退りしたこともあった。クロヒカゲを捕獲して個体識別したり、サンプルを採集していても、いつか犬が向かってこないかと常に一抹の不安があったので、なかなか作業に集中できない。

一週間ほど続いた私との縄張り争いの末に、三頭の野犬は二神山から姿を消した。私を恐れたのか、この土地では生活できないと判断したのか、駆除されたのかは知らない。こういうトラブルも、フィールドワークの一部ではある。しかし、誰か知らないが、犬は捨てないでほしい。

二〇〇八年の第一世代では、六月上旬までサンプル採集を続けた。2章で述べたように、この年は六月中旬から七月中旬まで、メスアカミドリシジミの調査のために長野県松本市を訪れていたので、東広島市の二神山とはしばらくの別れだった。

クロヒカゲの第二世代は七月から現れる。先行研究では、第二世代は縄張り行動しないことになっていた。しかし、私が二神山に戻ってきた七月一五日には、すでにクロヒカゲの第二世代が縄張り行動を示していた。ただし、第一世代が一四時頃から縄張り活動を開始していたのに対して、第二世代が縄張り活動を始める時刻はもっと遅かった。こういう日周活動をデータにするのは翌年なので、二〇〇八年はとにかくα雄とβ雄のペアを採集することに集中した。第二世代に第三世代が混じり始める頃までに、十分なサンプルを採集できたので、この年のフィールドワークは終了した。

不測の事態が起こって研究が思うように進まないのがフィールドワークの標準だが、この年は極めて順調に研究が進んだ。もちろん、野犬を怖がって二神山に行くのをやめたり、野犬に噛まれたりしていたら、研究は全然進まなくなっていただろうが。

フィールドワークが終わると、研究室での計測である。計測の仕方も、計測している研究室も、メスアカミドリシジミのときと同じだ（92ページ図7）。まず電子天秤で体重を測る。その後、頭、胸、腹に分解して、有機溶媒（ジクロロメタン）に漬けて脂肪を抽出して秤量する。

今回は、メスアカミドリシジミのときと違って、結果は予想通りだった。[3] α雄はβ雄よりも体重が大きく、飛翔筋も発達していた（表2）。クロヒカゲにおいては、体サイズが大きいことや飛翔能

表2　α雄とβ雄の各形質値

	α雄（N＝50）	β雄（N＝50）
乾燥体重（mg）	44.0 ± 0.873	39.8 ± 0.905
日齢	2（1-5）	3（1-5）
飛翔筋発達度	0.330 ± 0.150	-0.338 ± 0.150
脂肪貯蔵量	-0.011 ± 0.19	0.049 ± 0.16

Nは個体数。日齢は中央値と範囲を、その他の変数は平均値と標準誤差を表記。飛翔筋発達度と脂肪貯蔵量は、乾燥体重で補正したうえで、平均が0になるように調整した値。

力が高いことが、縄張り争いの優劣決定に効いていたのである。

私の知る限り、チョウの縄張り争いの優劣決定要因として、飛翔筋の発達度が検出されたのは初めてである。チョウの縄張り争いは、メスアカミドリシジミのように回転飛翔になることが多く、クロヒカゲのように直線的に追いかけ合う形態は珍しい。回転飛翔をするには遠心力（mv^2/r）と向心力を釣り合わさなければならないので、飛翔速度（v）に制限ができるが、直線飛翔ではそのような制約がない。したがって、直線飛翔だと飛翔速度が大きくなるので、運動エネルギーも大きくなり、回転飛翔よりも「激しい」闘争になる。とはいえ、闘争中に相手にぶつかるわけではないが。クロヒカゲの縄張り争いの優劣に身体能力の効果が検出されたのは、チョウの中では最も「激しく」闘争していることの反映ではないかと思う。

クロヒカゲの配偶行動

さて、順番は逆になったが、二〇〇九年は二神山でクロヒカゲの活動の日周性を調べることにした。第一世代の活動する五月、第二世代の出る七月、第三世代の出る九月にそれぞれ五日ずつ野外調査をおこなう。調査方法は、メスアカミドリシジミの研究にも出てきたルートセンサスだ。調査ルートを一時間に一度ずつ歩いて、ルート沿いで見られたクロヒカゲの数と、何をしていたかを記録する。

この調査の重要な目的の一つは、一日のうちのどの時間帯に交尾しているかを知ることである。そのためには、交尾ペアを発見できなければならない。クロヒカゲは四センチメートルくらいの黒っぽくて地味なチョウである。残念ながら、樹林の中のどこかに潜んでいるクロヒカゲの交尾ペアを、林道を歩きながら周囲を見ているだけで発見できる確率はゼロに近い。そこで、調査ルート沿いの木の枝と下草を長竿で叩いて、驚いて飛び出した交尾ペアを発見する、という方法を採用した。

また、クロヒカゲの食物は主に樹液で、花を訪れることはほとんどない。したがって、樹液の出る木がどこにあるかをあらかじめ知ってから調査をするのと、それを知らずに調査するのでは、データの精度が大きく違ってしまう。このようなことをあらかじめ知っておくためにも、実際にルー

落葉樹と常緑樹が混じる雑木林を通る約450mの林道。林床にはクロヒカゲの食草となるチュウゴクザサが茂っている。

トセンサス調査をする前の入念な下調べが重要なので、初年度の二〇〇七年は本格的な調査はしなかったのだ。本番の研究をする前に、準備に時間を使うことは大切なのである。

この年は、五月一〇日頃からクロヒカゲの第一世代の活動が盛んになってきたので、五月一二日からルートセンサスを始めた。ルートの長さは約四五〇メートルだが、両側の草木を長竿で叩きながらクロヒカゲを探して歩くと、一回のセンサスで三〇分~四五分かかるから結構大変だ。午前七時から一八時まで、これを一時間に一回するのである。もちろん一日だけだとデータとして十分でないので、第一世代の時期に五日間この調査をおこなった。

さて、先行研究では、午前中にクロヒカゲの雄は探雌飛翔をするとされていた。たしかに、ときどき林床を飛ぶ雄が見られるのだが、平均すると一五秒ほど飛ぶと、近くの葉に止まって動かなくなる。午前中に見られる雄の飛翔は、雌を探しているというには、あまりにも持続時間が短い。私が近くを通ったことに驚いて飛び出しただけではないのか？　探雌飛翔なら、まだ雌を見つけていないのにすぐに止まって動かなくなるのは、やはりおかしい。あるいは、エサを探していた個体もいるだろう。実際、ちょっと飛んでは止まって、止まった場所で口吻を伸ばしている雄も何頭か見られた。五月はまだ樹液があまり出ておらず、クロヒカゲはよく獣糞で吸汁していた。五日間の調査で、午前中に交尾をしているペアは一組も見つからなかった。

一三時頃から縄張り行動を示す雄が現れ始める。縄張りに入ってきたβ雄がα雄の前を横切ると、二頭で激しい追いかけ合いになるのは、過去二年間にも見たとおりだ。一六時頃が縄張り活動のピークで、林道沿いのあちこちで雄同士が追いかけ合っている。まるでクロヒカゲの運動会のようだ。この時間帯は、摂食している雄の数は明らかに減るが、摂食している雌の数は午前中と変わらない。一七時のルートセンサスから活動しているクロヒカゲが減り始め、一八時のルートセンサスでは、縄張り行動をしている雄はほぼ見られなくなった。五日間の調査で、午後に交尾をしている個体は合計三組見つかった。いずれも、縄張り内の木の枝を長竿で叩いたら飛び降りてきたので発見できた。見つかったのは一六時のセンサスで二組と、一八時のセンサスで一組である。

ここまでの結果をまとめよう（図12）。午前中の雄の飛翔が探雌飛翔であると考える理由は、今の

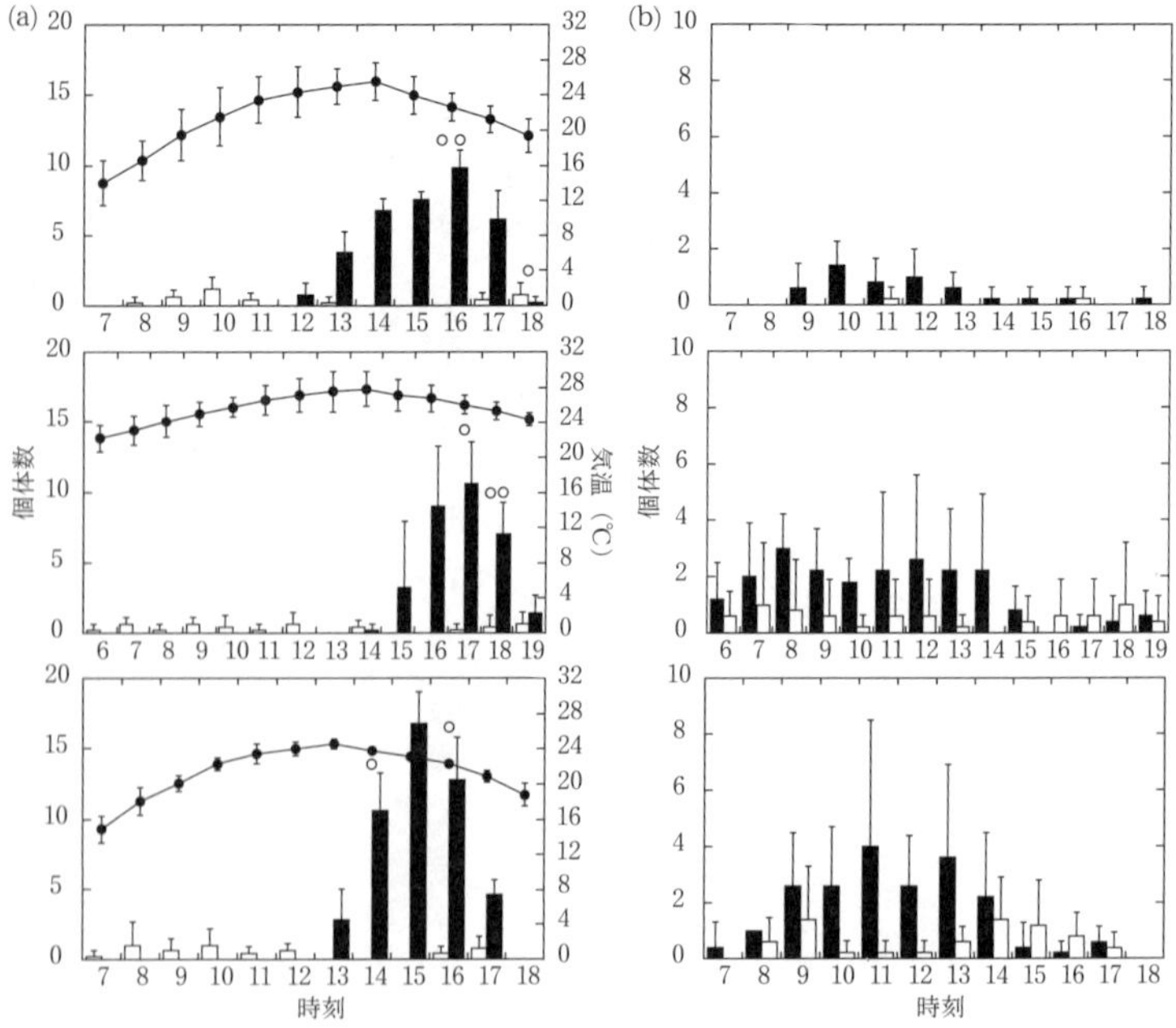

図12　クロヒカゲの日周活動（上段：5月、中段：7月、下段：9月）

（a）黒棒：縄張り行動していた雄、白棒：飛翔していた雄、○：交尾ペア、折れ線：気温。
（b）黒棒：摂食していた雄、白棒：摂食していた雌。エラーバーは標準誤差。

ところない。三組の交尾ペアはすべて縄張り活動がおこなわれている時間帯かその直後に、縄張り内で見つかっている。過去の研究から、クロヒカゲの交尾時間は三〇分から一時間ほどであることがわかっている。つまり、これらの交尾ペアが形成された時間帯は、午後の縄張り活動中ということになる。摂食する雄は午前中に多く、午後になると減少する傾向にあった。一方、雌にはそのような傾向は認められなかった。

　どう考えても、クロヒカゲの雄は主に午前中は摂食しながら過ごして、午後になると配偶行動が活発になっているのだろう。ということは、午前中の探雌飛翔がクロヒカゲの主な配偶戦略であるという先行研究の結論とは違って、午後の縄張り行動こそがクロヒカゲの配偶戦略ということになる。

第二世代のクロヒカゲは七月一〇日頃から活動しだしたので、一三日からルートセンサスを始めた。やり方は五月と同じだが、日が長くなっていてチョウの活動時間も長いので、午前六時から一九時まで一時間に一回ルートセンサスをおこなった。

こう書いてしまえば一文なのだが、これが無茶苦茶大変だった。五月に比べて朝と晩に一回ずつセンサスが増えているが、それが大変だったのではない。夏になって気温が高くなっていたので、調査ルートの両側の草木を長竿で叩きながらクロヒカゲを記録する調査を、一時間に一回することが大変なのだ。特に、気温が最も高くなるお昼前後のルートセンサスは、苦痛としか言いようがない。この時間帯は、ルートセンサスが終わるとすぐにアパートに戻って水を浴びて汗を洗い流して体を冷やし、次のルートセンサスが始まるまでのわずかな時間を休息にあてていた。それでも調査期間中は軽い頭痛に悩まされたり、体のあちこちに汗疹ができるくらいだった。何とか五日分のルートセンサスをおこなったが、この時期だけはもう二度とやりたくないと思った。

とはいえ、私が住んでいたアパートの隣にある二神山で研究していたので、一時間ごとのルートセンサスの合間に水を浴びることもできたのだから、まだマシだったはずだ。もし二神山以外の場所で研究していたら、七月のルートセンサスは、他の時期と同じようにはできなかっただろう。特に、体力の消耗の原因となる、交尾ペアを探すためにルート沿いの草木を長竿で叩く作業はあきらめざるをえず、いつ交尾しているか、というデータは取れなかったかもしれない。

それぐらい気合を入れてやれ、と思うかもしれないが、フィールドワークを全力でやることは禁物である。疲れてフラフラした状態で山を歩いていると、崖から落ちたり、石の上で滑って骨折して動けなくなることは起こりうるし、実際そうなった人を知っている。そして、フィールドワークは一人ですることが多い。考えてみれば当たり前で、自分の興味にもとづいて連日おこなうフィールドワークのために、いちいち山の中までついてきてくれる人などいるはずがない。ということは、人通りのない山の中で事故に遭って動けなくなって、電波状態も悪くて携帯電話も通じなければ（あるいは事故の途中で携帯電話をなくしたら）、どうしようもなくなってしまう。

だから、身の危険を感じるような状態になれば、すぐにその調査は止めなければならないのである。小型の野犬と縄張り争いして運悪く噛まれても、そのまま動けなくなって死ぬことはないが、人通りのない山道で崖から落ちたり骨折したりしたら、本当にどうなるかわかったものではない。

さて、結果自体は五月のルートセンサスと似た傾向を示した（図12）。この時期になるとクヌギやコナラやアラカシが樹液を出すので、午前中はそこに集まって摂食する個体がよく見られた。スズメバチも集まってくるので、刺激しないように注意しながらの調査だった。五月だと一三時頃から縄張り活動が始まるが、七月だと縄張り活動の開始は早くても一五時頃である。縄張り活動のピークは一七時頃で、五月だと縄張り活動が見られなくなる一八時のセンサスでも、まだ活発に縄張り

活動がおこなわれていた。やはり、縄張り活動が始まる一五時頃から、摂食する雄が減り始める傾向にあった。

七月の五日間の調査でも、午前中に交尾している個体は見つからず、午後に交尾をしている個体は三組見つかった。いずれも、縄張り内の木の枝を長竿で叩いたら飛び降りてきたので発見できた。見つかったのは一七時のセンサスで一組と、一八時のセンサスで二組である。五月と同じく、交尾ペアが見つかったのは、縄張り活動のピークからピーク過ぎにかけての時間帯である。

クロヒカゲの縄張り活動が五月よりも遅い時間帯に見られた理由は、七月の日中が暑すぎるからだろう。2章のメスアカミドリシジミの縄張り行動でも出てきたが、チョウが暑い時間帯に不活発になることはよく知られている。また、昨年までの観察でわかっていたことだが、クロヒカゲの第二世代は縄張り行動をしない、という先行研究の主張は間違いだったようである。

九月にも五日間のルートセンサスをおこなった。草木はまだ夏の緑のままだが、日差しはずいぶんと穏やかになってきた。空を見上げると、うろこ雲が棚引く日が増えた。もう日も短くなったので、五月と同じく、午前七時から一八時まで一時間に一回の調査だ。七月と違って、とても快適だった。というより、七月のルートセンサスが不快すぎるだけなのだが。

結果も、午前中に樹液で摂食する個体が多いこと以外は、五月のルートセンサスとほぼ同じだった（148ページ図12）。縄張り活動は一三時頃から始まり、一八時には終わっていた。午前中に交尾ペアは見られず、午後の縄張り活動中に、縄張り内で二組の交尾ペアが見つかった。九月は個体数が多かったためか、縄張り行動中に求愛行動（雄が雌を追いかけている場面）も三回観察できた。

科学は闘争である

さて、クロヒカゲのルートセンサス調査では、いずれの世代でも午後に雄の縄張り活動が見られ、そのときに交尾がおこなわれることが明らかになった。[4] 雄が林縁や林内のちょっとした空間で雌を待つのは、そのような場所は（クロヒカゲにとっては）開けていて、通過する雌を見つけやすいからだろう。縄張りが形成される場所（林の中の空間）は、季節を通しても、また三年間でもほぼ同じだった。一方、雌は午後になると積極的に配偶行動をするというわけではなさそうだ。雄と違って、午後になっても摂食する個体が減るわけではないからだ。ということは、雄が性的に活発になる時間帯にたまたま雄と遭遇した雌が交尾しているようである。

一方、当初期待していた、蛹に集まる雄を見つけることはできず、それどころか主な配偶戦略のはずの探雌飛翔をする雄すらいなかった。ここで疑問になるのが、なぜ先行研究ではクロヒカゲの主な配偶戦略は午前中の探雌飛翔で、午後の縄張り行動は補助的な位置づけ（しかも第二世代では縄張り活動は消失する）になっていたのか、ということである。

先行研究が午前中の探雌飛翔が主な配偶戦略だと述べていた根拠は、決してその時間帯に交尾が観察されたからではない。先行研究では、クロヒカゲの交尾を一例のみ観察し、それは縄張り行動中だった。にもかかわらず、午前中の探雌飛翔が主な配偶戦略だとする根拠は、クロヒカゲの雌が羽化するのが午前中である、という事実である。[1] つまり、雄は他の雄に遅れまいと、羽化したての雌を探して交尾しようとするはずだから、雌が羽化する時間に見られる飛翔は探雌飛翔に違いない、という論理である。しかし、クロヒカゲが雌の羽化直後に交尾するかどうかはちゃんと確認しないとわからないから、こんな論理は空想に過ぎない。また、先行研究では第二世代に縄張り活動が見られなかったことも、午前中の探雌飛翔が重要だと結論させた要因だろう。

先行研究ではクロヒカゲの第二世代は縄張り活動をしないことになっていたが、二神山のクロヒカゲの第二世代は縄張り活動をしていた。この不一致はどこから来るのだろう？　先行研究の調査地は京都市郊外の上賀茂だった。私が研究をした東広島市に比べると少し暑かったかもしれないので、第二世代の縄張り活動が始まる時刻がもう少し遅かったことは考えられる。そうだったとしても、先行研究も一八時まで一時間ごとにルートセンサスしていたので、その時間になってもクロヒカゲが縄張り活動を開始していなかったわけではないと思う。もしかすると、先行研究で調査のおこなわれた日はクロヒカゲにとってあまりにもコンディションが悪い日だったので、たまたま縄張り活動が見られなかったのかもしれないが。

私はこの研究をして以来、夏の夕方に山に行くことがあれば、クロヒカゲが縄張り活動しているかを気にするようになった。大阪府茨木市北部に、私がよく訪れる林がある。クロヒカゲの第一世代が出現する五〜六月に訪れると、縄張り行動を示しているクロヒカゲの雄が一〜二頭見られるのが常だった。二〇一七年七月に、5章に出てくるキアゲハの行動実験を終えた帰りにこの林を訪れたところ、クロヒカゲの雄が縄張り行動を示していた。二〇二〇年の八月前半にも同じ場所に三度行ったが、やはり一七〜一八時頃に縄張り行動するクロヒカゲの雄を二頭ずつ観察した。決して東広島市のクロヒカゲが例外だったわけではない。クロヒカゲの第二世代が縄張り活動を示さない、という先行研究の結論は、少なくとも一般性のあるものではない。

ひとつ注意しなければならないのは、縄張り活動を示さないという結論は、研究した人が縄張り行動している雄を見なかった、という意味である。本当に縄張り活動がおこなわれていなかったのか、研究していた人が縄張り行動している雄を見落としたのかどうかはわからない。

先行研究の論文を読むと、調査地でのクロヒカゲの個体数はあまり多くなかったようである。[1] 縄張り活動が最も盛んな時間帯のルートセンサスで確認された縄張り保持者は、五～六月だと平均三頭程度、九～一〇月だと平均一頭以下である。七～八月は確認数が〇頭だったので、夏に現れる第二世代は縄張り活動しない、という結論になっていた。

しかし、このような個体数が少ない場所で調査していると、七～八月の第二世代で縄張り行動している雄がいても、研究者が見落としている可能性は十分考えられる。なんせ一年で一番暑くて、ルートセンサスするだけでも疲れる時期である。しかも、朝から一時間ごとにルートセンサスを続けて、研究者の体に疲れの溜まっている夕方の遅い時間帯に、クロヒカゲの縄張り活動は見られる。疲れの溜まった体で、もう暗くなってきた林でルートセンサスしても、縄張り行動している雄が一頭程度だと見逃しているかもしれない。

ちなみに、私の二神山における調査では、縄張り活動が最も盛んな時間帯では、どの世代でも一回のセンサスあたり平均一〇頭以上の縄張り保持者が確認されている。さすがにこれくらい多いと、見落とすことはなかろう。だから、個体数が多い調査地を探すことは大切なのである。

念のために言っておくが、私は先行研究をおこなった研究者を責めているのではない。この章は、先行研究に厳しいと思われるかもしれないが、それは科学にとって大切なことである。どんな研究にも不完全な部分はあるし、どんな研究者にも欠点はある。先行研究を追試して不完全な部分をちゃんと調べるのも、研究の重要な意義である。むしろ、ある研究の内容を疑った人が徹底的に追試して、それでも崩れなかったということによって、その研究の正当性は増強される。崩れたらそれまでの研究だっただけのことだ。学説が正しいとは、他の学説と潰し合った結果、今のところ生き残っている、という状態に他ならない。例えるなら、タイトルホルダーは、挑戦者を退けられている間だけタイトルホルダーなのである。人間は神ではないので、絶対に正しい、という状態に到達することはできない。もし、健全な学説の潰し合いがおこなわれていなければ、我々は今でも天動説や創造説を信じていたかもしれない。

もちろん、私の研究も完全ではない。午前中にクロヒカゲの交尾はおこなわれていない（午後に多い）という結論は、私の調査法では午前中におこなわれている交尾を見つけられなかっただけなのかもしれない。それを疑問に思った人がいれば、私とは別の調査法を考案して、調べてみればいいのである。先人には見えなかったものが見えるかもしれないのだ。

私は少年時代からチョウを追いかける過程で、縄張り行動を示す種だけでなく、探雌飛翔をおこなう種の行動も、野外で大量に見てきた。だから、クロヒカゲの飛翔を見たときに、これは先行研究が主張するような探雌飛翔ではなさそうだとすぐに気づいた。そうでなければ、そもそも一日のうちのどの時間帯に交尾しているかを調べようとは思わなかったかもしれない。

メスアカミドリシジミもそうだったように、チョウは一般に野外で交尾を観察できる頻度が低いので、この類の研究で、交尾の頻度を定量的に確認した研究は少ない。だからこそ、先行研究も、クロヒカゲの雌は午前中に羽化する、というデータから間接的に、その時間帯の雄の飛翔を探雌飛翔と見なしていたのである。もし私が先行研究を疑問に思わなければ、前例にならって実際の交尾まで確認しなくてもいいだろう、と判断してもおかしくなかったのだ。

また、ルートセンサスはチョウの野外研究でよく用いられているが、ルート沿いの草木を長竿でゆすってチョウを探す方法を組み合わせた研究例は、私は見たことがない。そもそも、フィールドで長竿を持ち歩くのはチョウマニアの習慣で、研究者らしくないところもある。しかし、その習慣があったおかげで、クロヒカゲの交尾がいつどこでおこなわれているかという決定的な情報が得られたのだから、結果としては上出来である。

この研究によって、クロヒカゲの縄張り行動は彼らの主要な配偶戦略であること、その縄張り争いで有利になるには、体が大きくて飛翔筋が発達していることに効果があることがわかった。相手を攻撃しないチョウという動物がどのように縄張り争いするのかを問題意識に持っている私にとって、クロヒカゲの縄張り行動が主要な配偶戦略である、という結果は好都合ではある。もし、縄張り行動の配偶戦略としての意味が薄いのなら、縄張り争いの優劣などどうでもいいことになってしまうからだ。

しかし、私の心の中に新たなわだかまりが発生した。体が大きかったとしても、クロヒカゲは相手を攻撃するわけではない。飛翔筋の発達したα雄が、β雄を後ろから追いかけて体当たりするわけでもない。むしろ、当たることを避けるかのように、相手との距離を保ちながら追いかけるのである。だったら、身体能力は縄張り争いの優劣にどう関係するのだろうか？　そもそも、相手を攻撃しないのに、なぜ相手を追いかけるのだろう？

とりあえず、激しい追いかけ合いをすると、周囲の木などにぶつかるリスクもあるので、高い身体能力が必要なのだろう、ということにしたが、どこか釈然としない思いを抱えることになった。

4章

チョウの縄張り争いは求愛行動?

かんじんなことは、目に見えないんだよ

サン・テグジュペリ

自然選択説と動物の闘争

二〇一〇年四月に京都大学生態学研究センター（以下、生態研とよぶ）に移った私は、しばらくチョウの縄張り行動の研究から離れていた。フィールドワークでできることはしたつもりだったし、さすがに少し飽きてきたところもあった。しばらくは、チョウとハチの分子系統学が研究の中心となっていた。それでも、チョウの縄張り行動のことはいつも頭にあり、折に触れていろいろと考えていたのである。

ここで、生物学の枠組みでチョウの縄張り争いをどう説明するかを整理しておこう。最初はチョウの話ではなくて一般論になるが、しばらくお付き合い願いたい。

まずは、大原則のダーウィンの自然選択説である。生物の性質に遺伝的な変異があれば、生き残って繁殖するうえで有利な性質を持つ生物が多くの子孫を残すので、長い年月の間にそのような性質を持つ生物が多くなってくる、という論理だ。キリンの首が長くなったのは、過去には様々な首の長さのキリンがいたが、首が長いものほど高い木の葉も食べられるので生存率が上がり、結果的に子孫を残せる確率が高かったからだ、という説明を聞いたことがある人もいるだろう。適者生存の法則だが、この場合の適者とは種のことだろうか、種内の一族のことだろうか、それとも別の存在なのだろうか？

この点は二〇世紀中頃までは混乱していたようだが、現在では個体の持つ遺伝子セットのことだと理解されている。つまり、生物の各個体は、種を存続させようとするのではなく、自分の遺伝子セット（自分の子だと考えればおおむね正しい）をできるだけ多く次世代に残そうとするかのように行動するのである。ここは誤解しやすいポイントなので、よく覚えておいてほしい。自然選択説は、種の中に遺伝的変異があって、より環境に適した遺伝子を持つ個体が子孫を残しやすい、という論理だから、考えてみれば当たり前のことである。一言でいえば、生物は種の利益のためにではなく、自己の利益のために行動することになる。リチャード・ドーキンスの名付けた「利己的な遺伝子」とは、このような性質を言い表したものである[1]。この枠組みで動物の闘争を理解するには、闘争モデルを知らなければならない。

昔から、動物の行動を見ていた人たちは、動物は滅多なことで殺し合いのような激しい闘争はせずに、適当なところで決着することを知っていた。一九六〇年代までは、動物は種の不利益になることはしないので、同種で殺し合って種の個体数を減らすようなことはないと説明されていたらしい。しかし、これは利己的な遺伝子の原則に反する。

現代的な動物の闘争モデルは、闘争行動の解析にゲーム理論を導入したジョン・メイナード＝スミスとジョージ・プライスの論文から始まる。[2] 彼らは、攻撃をともなう闘争を扱うために、「タカハトゲーム」を導入した。タカハトゲームでは、タカ派は相手と戦い、ハト派は逃げる。タカ派同士が対戦した場合は、勝てば資源（価値V）を得て、負ければ負傷（コストC）を被る。タカ派とハト派が対戦した場合は、無条件でタカ派が資源を得る。ハト派同士が対戦した場合は、資源を等分する。タカ派同士が対戦すると、勝率は五分五分として、それぞれの個体の期待利得（平均的な成果）は（V−C)/2となる。V＞C、つまり争っている資源の価値が負傷コストを上回るなら、この対戦の期待利得はプラスなので割に合う。しかし、V＜Cだと、この対戦の期待利得はマイナスになるので割に合わない。お互いに殺し合うような対戦はCが非常に大きいわけだから、よほど価値の高い資源でもない限りは、それをめぐる闘争の期待利得はマイナスになる（V＜Cになる）。つまり、種の利益ではなく、自己の利益を基準に考えても、激しすぎる闘争は割に合わないのだ。

さて、タカハトゲームは、自己の利益を基準に動物の闘争行動を説明することには成功したが、現実の動物の闘争に適用するにはあまりにも単純すぎる。タカ派同士の勝率は五分五分としたが、実際には個体によって闘争能力に違いがあるから、勝率が五〇パーセントより高い個体も五〇パーセ

Column 1

種の利益か自己の利益か

生物は種の利益のために行動する、という考え方(種の利益説とよぶ)は、1960年代までは生物学の主流だったらしい。特に、アリやハチで見られる不妊カースト(自分は繁殖せずに、女王の産んだ子を育てる個体)の存在は、生物が種の利益のために行動していると仮定しないと説明しにくかった。

一方で、種の利益説では説明できない現象も知られるようになってきた。たとえば、ライオンの雄がハーレムを乗っ取った後に、前の雄の子を殺すことは、種の利益のための行動としては説明できないが、自己の利益のための行動だとすると説明できる。同様に、霊長類でも子殺しが起こることが明らかになってきた。

1964年にウィリアム・ハミルトンの血縁選択説が発表され、アリやハチの不妊カーストの存在も、自己の利益にもとづいて説明できるようになった[3]。血縁選択説によれば、不妊カーストにとって、女王の子は自分の子よりも自分の遺伝子セットを高い確率で受け継いでいるので、自分で繁殖するよりも、女王に子を産ませた方が、次世代に遺伝子を残すうえでは有利なのだ。これで、動物は自己の利益のために行動しているという前提に最も反すると思われていた現象も説明できるようになり、生物学は利己的な遺伝子の立場に一気に傾くことになる。

ハクセンシオマネキの雄同士の争い

干潟の巣穴をめぐって、雄同士がハサミを使って戦う。多くの闘争モデルは、このような攻撃をともなう闘争を想定している。（撮影：村松大輔）

ントより低い個体もいる。そうなると、しばらく戦ってみて負けそうだったら早目に逃げるという戦略もありそうだ。また、争っている資源の価値（V）も個体によって異なるだろう。たとえば、飢えている個体にとってはそうでない個体よりも、目の前のエサ資源の価値は高いだろう。その場合は、資源の価値が高いと判断した個体の方が大きなリスクを冒しそうだ。このような要因も加えたモデルが、タカハトゲーム以降に開発されてきた。

ただし、これらの闘争モデルは、動物に攻撃能力、もっと明確に言えば、相手を負傷させる能力があることが大前提だ。チョウのような、攻撃能力のない動物の闘争に適用するには、別のモデルが必要である。

ジョン・メイナード＝スミスとジョージ・プライスは、攻撃能力の乏しい動物がおこなう闘争のモデルも作っていた。[2] それが持久戦モデルである。持久戦では対戦者は相手を攻撃せず、ディスプレイ（誇示）のみをおこなう。ディスプレイをするには時間あたり一定のコスト（エネルギーなど）

がかかると仮定して、相手よりも長くディスプレイを続けた個体が資源を得るという構造の闘争だ。この闘争では、ディスプレイの継続時間に比例してコストが蓄積するので、あまり長く続けると、争っている資源の価値（V）を越えるコストを被ってしまい、割に合わない。だから、ほとんどの闘争は、適当なところで終了することになる。

その後、個体によって時間あたりのコストやコストの上限が異なったり、争っている資源の価値が異なったりする設定を加えた持久戦モデルが、いくつも開発された。

現時点では、チョウの縄張り争いを持久戦と見なすのが主流である。すなわち、卍巴飛翔や追尾を闘争ディスプレイと見なしているわけである。

持久戦モデルへの疑問

さて、私もチョウの縄張り争いを持久戦モデルで扱えるものと考えていたのだが、前章の最後で述べたように、クロヒカゲの縄張り争いを見ていてある一つの疑問にぶつかった。なぜ彼らは相手を攻撃するわけではないのに、わざわざエネルギーを消費する追いかけ合いをして、一方が逃げる

図13　黒い個体が、持久戦における最善手

のだろう。何のために相手を追いかけているのだろう。

持久戦モデルでは、対戦者がコストのかかるディスプレイを続けて、蓄積したコストが閾値を超えた個体が引き下がる設定になっている。ポイントは、相手の行動によってコストがかかるのではなく、自分の行動によってコストがかかることである。この設定は、利己的な遺伝子の原則と矛盾しないだろうか？

正確に言えば、持久戦はそれぞれの個体が、単位時間あたりにある一定のコスト（エネルギーなど）のかかるディスプレイをするのだから、ディスプレイのやり方によってそのコストを下げられるのなら、下げた方が圧倒的に有利になる。つまり、チョウがおこなう卍巴飛翔や追尾はエネルギーを失う行動だから、最初からそんなことはせずに、縄張り内の好きな位置に静止していた方が、エネルギーを消耗しないので、持久戦においては有利である（図13）。一般にチョウの縄張り保持者は、卍巴飛翔や追尾が起こる前は縄張り内の枝先などに静止しているのだから、卍巴飛翔や追尾をしないという選択は可能なはずだ。つまり、持久戦の論理なら、チョウの縄張り争いは起きないことになってしまう。

するとどうなるか？　やってきた雄たちは、居たい場所にたかっている状態になるはずだ。そのようなことが、実際に起きている場面がある。3章の初めに、探雌飛翔するチョウの中には、雄が羽化前の蛹に集まってきて、雌が羽化してくると交尾をしかける配偶システムがあると述べたことを覚えているだろうか？　この雄たちは、卍巴飛翔や追尾はしないで、蛹にたかっているだけである（133ページ写真）。持久戦をするよりも、こちらの方がはるかに利己的遺伝子の原則に合う行動である。にもかかわらず、なぜか縄張りとなると、チョウの雄たちは自分のエネルギーを失う卍巴飛翔で争うのである。いったいどうなっているのだろう？

ゲーム理論の枠組みだと、ディスプレイ（飛翔）による闘争が進化するならば、ディスプレイをしないで縄張り内に静止しているだけの個体に対して、ディスプレイをする個体以上のコストがかからなければならない。

それでは、ディスプレイをサボった個体にはコストがかかるのだろうか？　チョウと同じように空中で追いかけ合うトンボの縄張り争いだと、おそらくコストがかかる。なぜなら、悠長に他人の縄張りの中に居座っていたら、縄張りの持ち主に噛みつかれるからである。しかし、チョウでこのようなことは起こるのだろうか？　私が知る限り、そのような報告はまったくない。トンボと違ってチョウには歯がないのだから噛みつかれないのは当たり前だが、縄張りに居座っている個体に対して実効性のある攻撃がおこなわれたという報告はない。もちろん、私も長年チョウの縄張り争いを見てきたが、そんな攻撃は見たことがない。メスアカミドリシジミもクロヒカゲも、追いかけ合っているだけである。

このように、チョウの縄張り争いを持久戦と見なすのは、大原則の自然選択説（利己的な遺伝子の原則）と相性が悪いのである。それにもかかわらず、チョウの縄張り争いが持久戦モデルで扱われている理由は、代わりとなる適当な闘争モデルがないからに他ならない。

攻撃能力がないゆえの奇妙な振る舞い

チョウに有効な攻撃能力がないことを示す観察例があるので報告しておこう。二〇〇一年七月上旬の昼下がり、私は長野県大桑村の草原で、セセリチョウ科のオオチャバネセセリというチョウが縄張り行動をしているのを見かけた。一頭の雄が草原に咲くアザミの花に静止して、近づく個体は同種でも別種でも追いかけて、相手が飛び去るとまたそのアザミの花に戻ってきた。

しばらくすると、コキマダラセセリというセセリチョウが、オオチャバネセセリのちょうど真後ろから飛んできた。オオチャバネセセリにとっては死角だったのか、飛んできたコキマダラセセリを追わなかったので、コキマダラセセリはそのままオオチャバネセセリが静止していたアザミの花に止まって吸蜜を始めた。

驚いたのはオオチャバネセセリである。突然自分に触れる場所にコキマダラセセリが現れたのである。オオチャバネセセリはアザミの花から付近の葉の上に飛び移って、今まで自分が静止していたアザミの花の方を向いていたが、侵入者のコキマダラセセリには何もしなかった。コキ

マダラセセリが吸蜜を終えて飛び立つと、オオチャバネセセリはそれを猛スピードで追いかけて、コキマダラセセリが去ると、またアザミの花に戻ってきて縄張り行動を再開した。

この観察事例は、たまたまコキマダラセセリがオオチャバネセセリの真後ろから飛んできたために、オオチャバネセセリに気づかれなかった、という偶然によってもたらされている。しかも、オオチャバネセセリの静止位置だったアザミの花に、コキマダラセセリが吸蜜のために止まるという偶然が重なったために、突然現れたコキマダラセセリが縄張り内に居座ってから、オオチャバネセセリがそれに気づく状況が発生した。

通常なら、コキマダラセセリが縄張りに飛び込んだ段階で、オオチャバネセセリに追われるので、このような状況は発生しない。たとえ死角から現れたとしても、オオチャバネセセリが静止していた花で吸蜜しないで、他の花で吸蜜すれば、オオチャバネセセリは縄張りに飛び込んできたコキマダラセセリに気づかなかった、と解釈されるだけである。

しかし、二つの偶然が重なることで、オオチャバネセセリは縄張りに侵入したコキマダラセセリに気づきながら、相手が縄張り内に居座って吸蜜を始める状況が発生した。その状況で、オオチャバネセセリは相手を攻撃して縄張りから追い出さなかったのである。そして、吸蜜を終えたコキマダラセセリがアザミの花から飛び立つと、それには反応して追いかけた。

まさに、チョウに攻撃能力はなく、チョウの追尾は相手も飛んでくれる（つき合ってくれる）ことによって成立するのである。

何気ないきっかけ

チョウの縄張り行動を調べるフィールドワークから離れて、これまでの記憶を基にチョウに縄張り争いが成立する仕組みを考えていた私は、非常に困っていた。なぜチョウは自分からエネルギーを失う卍巴飛翔や追尾をするのか、というあまりにも基本的な問いに対する答えが見当たらないのである。

今までそんなことにも気づいてなかったのか、と思われるかもしれないが、そう簡単ではないのだ。私がチョウに目覚めた頃から、チョウは追いかけ合って縄張り争いする、とさまざまな本に書かれていた。チョウが好きな人たちの間では、チョウが縄張り行動を示すことを「テリ張り」、卍巴飛翔のことを「テリ争い」と言うくらい、さも当たり前のことのように語られていた。ちなみに、「テリ」とは「テリトリー＝縄張り」の略語である。

大学院生になって本だけでなく学術論文を読み始めても、同じような状況だった。一九七〇年代以前の論文には、チョウに縄張りがあることを疑問視する論文や、縄張り争いと言われている行動は、相手を確認する行動だと主張する論文もわずかにあった。[4][5] しかし、証拠も根拠も不十分で、ほとんど顧みられていなかった。

その後、観察が集積するにつれて、チョウに縄張りがあるのは当然になり、縄張りがある以上は縄張り争いをするのも当然になっていた。3章に出てきたクロヒカゲの先行研究は、同一著者によるたった二本の論文だったので、疑う余地もあるが、チョウが縄張り争いをすることは、チョウに関わる世界中の人々の、標準的な知識になっていたのである。この状況で、チョウに縄張り争いが成立することを疑問に思うのは、よほどの根拠がない限りは無理というものである。

メスアカミドリシジミの縄張り行動の研究で暗中模索の日々を続けていた大学院生時代以来ともいえる状況に陥っていた私だが、そんなある日、生態研のよその研究室の大学院生がやってきて、彼の所属研究室のゼミで話題提供してくれないかと言い出した。何か光が差すかもしれないと思った私は、二つ返事で引き受けた。

さて、ゼミでクロヒカゲの縄張り行動を調べた話を一通りした後、今考えている問題について話した。そのとき、一人の大学院生が冗談っぽく、チョウの縄張り争いはホントは間違って求愛していたりして、と言い出した。私は大学院生時代に一度そう考えたことを思い出し、それだと卍巴飛翔の後で一方の雄が縄張りから逃げ出すことが説明できないんですよ、と答えた。そのゼミでのやりとりは、それで終わった。

汎求愛説

例のゼミ以降、私の頭の中に何となく求愛説は残ることになった。たしかに、求愛説の立場をとって、二頭の雄が相手を配偶相手だと判断してお互いを追いかけていると考えるなら、追いかけ合いが終わっても片方の雄が縄張り（居たい場所）から飛び去る理由がない。しかし、求愛説だと、なぜ二頭の雄が自分からエネルギーを失う行動をするかが説明できるのだ。繁殖する以上は求愛にエネルギーを使うのは当たり前だからだ。ここに何かヒントがあるに違いないと思った私は、分子系統学の研究の合間に、チョウの縄張り争いについて考えをめぐらす日々を続けた。

大学院生のときはあっさりお蔵入りにしたアイディアなのに、なぜ今になって頭を悩ませているのかと疑問に思われるかもしれない。理由は簡単だ。大学院生時代は、なぜチョウは自分からエネルギーを失う卍巴飛翔や追尾をするのか、という問題意識を持っていなかったからだ。チョウが卍巴飛翔や追尾をして縄張り争いするのは当たり前という前提に立っていると、求愛説は、追いかけ合いが終わると片方の雄が縄張りから飛び去る理由を説明できないだけなので、掘り下げる利点がない。しかし今は、かつて当たり前と思っていた前提がゆらいでいるので、お蔵入りにしたアイディアが復活してきたのである。アイディアには、背景がそろって初めて価値が生まれるものなのだ。

ある日、参考になりそうな一本の論文を見つけた。その論文は、最近の動物の闘争行動の研究は、不必要に動物が戦略的に行動しているかのように仮定しているが、それはモーガンの公準に反する、という批判だった。[6] モーガンの公準とは、動物の行動を説明するうえで、低度の認知能力を仮定すればすむところで高度な認知能力を仮定してはいけない、という一種の「オッカムの剃刀」である。

オッカムの剃刀とは、あるかないかわからないものはないことにしておく、という思考における原則で、思考節約の原理などとよばれることもある。たとえば、死後も残る霊魂は存在するか、という問題を考えてみよう。存在するかもしれないし、存在しないかもしれない。正直に言えばわからない。しかし、死後も残る霊魂の存在を仮定しないと説明できないような現象が、再現性のある形で観測されない限りは、そのようなものはないことにしておきましょう、というのがオッカムの剃刀である。

この原則は重要である。というのも、そうしないとどんな存在でも仮定できることになってしまうからだ。ネッシーも火星人も、いないことを証明することはできない。人間に超能力がないことも証明することはできない。しかし、それらの存在を仮定しないと説明できない現象が見つからない限りは、存在しないことにしておかないと、何でもアリになって収拾がつかなくなるのはよくわかるだろう。

考えてみれば、私は今までチョウの認識にオッカムの剃刀を適用しようとしたことがなかった。それは、生物界は複雑で例外に満ちているので、オッカムの剃刀のような思考の単純化は上手くいかない、という雰囲気が生物学にあったからだと思う。モーガンの公準を無視するなという論文を書いた人は、そういう雰囲気に警鐘を鳴らしたわけである。そこで、チョウの行動を説明するうえで、どんな認識を仮定する必要があるかを考えなおすことにした。

異性（配偶者）という認識の仮定は必要である。それがないと、求愛行動も交尾行動も説明できないからである。天敵（危ない相手）という認識の仮定も必要である。チョウは鳥に追われたら逃げるし、少年時代の私のような採集者に追われても逃げるからである。

では、同性（性的ライバル）という認識の仮定は必要だろうか？ 卍巴飛翔だけなら、同性という認識は必要ない。二頭の雄がお互いを異性だと認識していれば追いかけ合いは成立する。メスアカミドリシジミやクロヒカゲでも観察したことだが、雄は飛翔中の雌と空中で交尾するのではなく、雌が付近の枝先に静止してから交尾行動に移る。だから、相手を異性と認識していても、相手が飛んでいる限りは追いかけるだけなのだ。問題は、卍巴飛翔が終わると、一方の雄が逃げることである。同性という認識を仮定しなければ、この行動はどう説明すればいいのだろう。

しかし、考えてみれば同性という認識があったところで、逃げることは説明できない。チョウは相手を攻撃しないのだから、そんなものから逃げる必要はない。ということは、逃避する以上は相手を天敵と見なしていると仮定すればよい。

つまり、チョウにとって縄張り空間に飛び込んできた相手は未確認飛行物体であり、異性かもしれないが天敵かもしれない物体である。これは、縄張り保持者に向かってこられた侵入者にとってというのはオッカムの剃刀らしい思想である。

ひとつ注意しておくと、天動説の立場を取っていた昔の科学者は、キリスト教的世界観の塊で、それ以外を受け入れなかったわけではない。ブラーエの修正版天動説では、地球以外の惑星は太陽の周りを回転しているのだから、地動説に近いところに来ている。もちろん、ブラーエがこのモデルを採用したのは、コペルニクスの地動説に理解を示していたからである。

しかし、この時点では地動説では説明できない現象が多かった。当時は慣性の法則が知られていなかったので、地球が動いていると仮定すると、なぜ空を飛んでいる鳥は地球から取り残されないかが説明できなかった。また、万有引力も知られていなかったので、地球が宇宙の中心だと仮定しなければ、なぜ物が地上に落ちるのかも説明しにくかった。この状況で地動説が出てきても、惑星の運動「だけ」はシンプルに説明できるが、それ以外の現象については落第点だった。さらに、初期の地動説は、天体運動の予測精度においても、天動説に劣っていた。地動説が主流学説になるには、ケプラーやガリレイ、そしてニュートンの登場を待たねばならなかったのである。

このように、アイディアには背景がそろって初めて価値が生まれるものなのだ。

Column 2

宇宙像とオッカムの剃刀

本文では、オッカムの剃刀は、あるかないかわからないものはないことにしておく、という思考の原則だと書いたが、物事を説明するうえで仮定はなるべく少なくする、と言った方が、より一般的である。シンプルイズベストとほぼ同じことである。

私は、人間の宇宙像が、天動説(地球中心説)から地動説(太陽中心説)に移行したことも、オッカムの剃刀で説明できると思う。天動説と地動説の違いは、地球と太陽のどちらを座標原点と見なすかの違いであり、どちらが正しいというものではない。実は、天動説でも天体の運動は説明できる。ただし、地球を座標原点にすると、惑星の逆行が生じるので、円運動をいくつも重ねた複雑な表現が必要になる。中世まで主流だったプトレマイオスによる天動説モデルは、惑星はそれぞれある点を中心とする円の上を回っていて、その円が地球を中心とする円軌道を回るという、二重の回転運動を仮定していた(実際は、精度を上げるためにさらに別の円を仮定していた)。16世紀を代表する天文学者のブラーエは、修正版天動説として、惑星は太陽の周りを回転し、その惑星を引き連れた太陽が地球の周りを回転するという、やはり二重の回転運動を仮定していた。一方、地動説だと太陽の周りを回転する惑星だけを仮定すればいいので、円運動(正確には楕円運動)は一つですむ。だったら、そちらを採用しよう、も同じことだ。だから、お互いに異性かもしれないと見るので追いかけ合いになるが、雄は空中で相手と交尾することはできないので、いつまでも交尾行動に移れない。どこかの時点で片方の個体が追うのをやめるが、この時点で相手のことを受け入れ可能な異性ではないと判断したことになるから、相手が天敵である可能性が残る。だったら、相手を追いかけるのをやめた個体は、相手から逃げるべきである。そのまま付近の枝先にでも止まれば、食われるリスクがあるからだ。

結局、異性と天敵という認識を仮定するだけで、卍巴飛翔や追尾から逃走への一連の行動は説明できることになる。同性という認識を仮定する必要はないのだから、オッカムの剃刀を適用して、同性という認識はないことにすればよい。この論理を汎求愛説とよぶことにした。

わかりやすくするために、他の動物と比較しよう。もし、配偶機会をめぐって相手を攻撃する行動が確認されれば、性的ライバルという認識があると仮定しないと観察事実が説明できない。ハーレムをめぐって争うライオンの雄を思い浮かべるとわかりやすいだろう。しかし、チョウにはそのような行動が確認できない。にもかかわらず、これまでは性的ライバルという認識があるという暗黙の前提の下でチョウの行動を見ていた。しかし、オッカムの剃刀を適用すると、その前提は正当化できない。だったら、そんな前提はなくしてしまえばよい。つまり、なぜチョウは自分からエネルギーを失う卍巴飛翔や追尾をするのかが説明できなかったのは、観察や実験が足りなかったのではなくて、事実を見る前提が間違っていたことになる。

一つ注意しておくと、同性（性的ライバル）という認識があろうがなかろうが、チョウの卍巴飛翔や追尾は、結果的には縄張り争いとして機能している。その行動の結果、ある場所の所有者が一頭に決まるからだ。ただし、それは相手が異性かもしれないと認識してお互いに追いかける行動なのである。もし相手が同性であるとわかっているなら、相手を追いかける理由がない。追いかけたところで攻撃できるわけではないからだ。そうなると縄張り争いは成立しない。何とも逆説的だが、ライバルという認識がないからこそ、チョウに縄張り争いが成立するのである!

汎求愛説は直感には反する。有性生殖する動物で、同性が認識できないというのは、人間にとっては想像しにくいからだ。だからこそ、今まで疑問に思われることもなく、同性を認識しているという前提でチョウを見ていた。

しかし、科学の歴史を振り返れば、人間の直感に反する理論なんていくらでもある。天動説と地動説のどちらが人間の直感に合うかといえば、間違いなく天動説だろう。どう見たって、太陽は東から昇って西に沈んでいるし、星々は空を巡っている。人間の祖先はサルと共通で、さらにその前をさかのぼれば全生物と共通の祖先に行きつく、という話を初見で信じる人がいるだろうか? 人間の直感は、科学理論の正当性とは関係がない。

汎求愛説は、過去に縄張り争いとして説明されていた研究例も説明できるだろうか? メスアカミドリシジミの縄張り争いでは、過去にその縄張りを占有した時間の長い雄が有利になっていた。縄張り争いの視点だと、慣れた場所は価値が高いから(本当にそうなのかはわからないが)その場所をめぐる争いに多くを投資する、と解釈していた。汎求愛説だと、慣れた場所だと天敵に襲われるリスクが低いから相手を追いかけることをやめにくい、とでも解釈しておけば似たようなものだ。クロヒカゲの場合は、体が大きくて飛翔筋が発達した雄が有利になっていた。縄張り争いの視点だと、障害物にぶつかるリスクが高いので、そのような事故を避ける飛翔能力が必要なのだろうという苦しい解釈をしていた。汎求愛説だと、体が大きくて飛翔筋が発達していた方が相手に危険な存在（天敵）と見られやすい、と解釈すれば問題ない。

長年の疑問が一気に解決したような気分だった。チョウはなぜ自分からエネルギーを失う卍巴飛翔や追尾をするのか、という最も基本的な疑問に解答が得られたのだ。つまり、自然選択説（利己的な遺伝子の原則）という世界観から逸脱していたチョウの縄張り争いという現実が、汎求愛説という新たな学説を加えることによって説明できたのである。

しかし、油断は禁物だ。チョウの行動は縄張り争いだけではない。同性という認識を仮定しなくても、チョウの他の行動と矛盾が生じないかを確認しなくてはならない。私は、チョウに目覚めた中学生の頃から、研究を始めた大学生時代を経て現在に至るまでに見たチョウのさまざまな行動を思い出して、汎求愛説に矛盾する行動はないかと振り返ってみた。しかし、まったく思い当らないのである。むしろ、縄張り争い以外のチョウの行動も、汎求愛説でうまく説明できるのだ。

3章の初めに紹介した、雄が羽化前の蛹に集まってきて、雌が羽化してくると交尾をしかける配偶システムを思い出そう。この雄たちは、卍巴飛翔や追尾をおこなって他の雄を追い出したりしないで、蛹にたかっているだけである（133ページ写真）。もちろん、相手を攻撃するわけでもない。もし卍巴飛翔や追尾が、配偶縄張り（交尾のチャンス）という資源の持ち主を決める雄同士の闘争として機能するのなら、より直接的な交尾チャンスである蛹に集まってきたチョウたちは、なぜ蛹をめぐって同じように争わないのだろう？　ここで争わなくていつ争うのか、というような場面である。

しかし、汎求愛説で考えれば、雄が蛹にたかることは容易に説明がつく。配偶縄張りは、そこに雌がいるわけではない。あくまでもこれから雌が飛来する確率が高い場所である。したがって、α雄はまずは飛来したものを配偶者候補と認識するので、縄張りを横切った他の雄を追いかける。その雄も同じ理由でα雄を追いかけるので、卍巴飛翔や追尾になる。一方、蛹は縄張りと違って、これから雌が飛来する確率が高い場所、というような不確実な資源ではない。魅力的な（?）近未来の配偶者候補そのものである。したがって、雄は蛹そのものに惹かれているので、他の雄がやってきたところで、配偶者候補として追いかけることはない。すると、卍巴飛翔や追尾が始まるきっかけがないので、複数の雄が一つの蛹にたかっている状態が維持されるのである（図14）。

また、さまざまなチョウで、雄が縄張りを持たないにもかかわらず、卍巴飛翔のような雄同士の追いかけ合いをすることが知られている。ウラジロミドリシジミのような縄張りを持たずに探雌飛翔するゼフィルスでも、雄同士が出会うと短時間の追いかけ合いが見られる。ヒメジャノメというチョウでは、この追いかけ合いは十数分にも及ぶことがある。相手が同性だとわかっているとすると、縄張り争いでもないのにこのような行動をするのは意味不明である。しかし、相手が異性かもしれない状況ならこの行動は説明がつく。

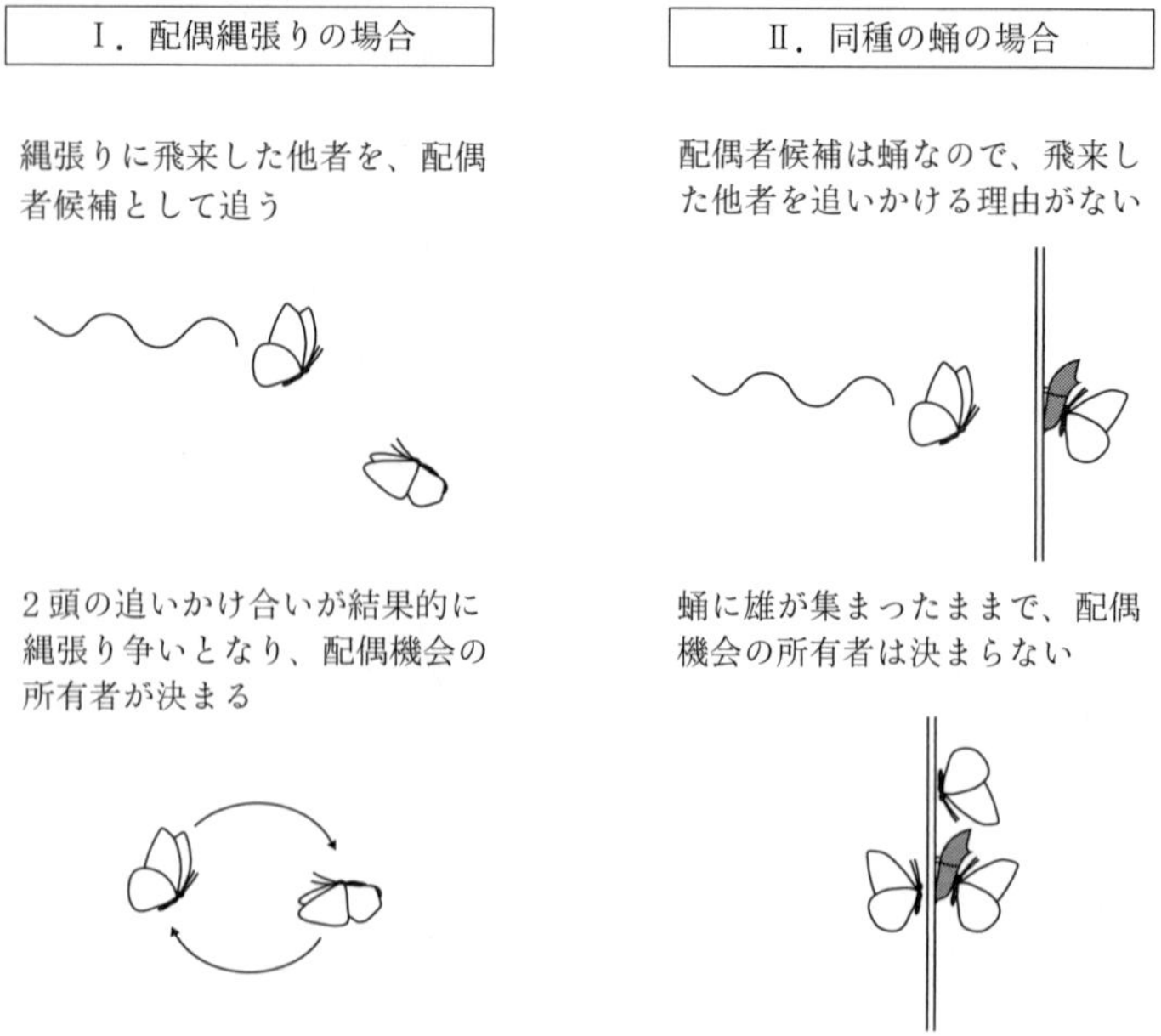
Ⅰ．配偶縄張りの場合
縄張りに飛来した他者を、配偶者候補として追う
2頭の追いかけ合いが結果的に縄張り争いとなり、配偶機会の所有者が決まる
Ⅱ．同種の蛹の場合
配偶者候補は蛹なので、飛来した他者を追いかける理由がない
蛹に雄が集まったままで、配偶機会の所有者は決まらない

図14　チョウの配偶競争に2タイプが生じる理由（汎求愛説による説明）

ここまでは雄の話だが、雌はどのような認識を持っているだろうか？　実はよくわからない。縄張り行動にしても探雌飛翔にしても、積極的に配偶行動を示すのは雄なので、雄の行動はよく調べられている。しかし、雌の方からはあまり目立つ動きをしないので、雌の配偶行動はほとんど調べられていないのだ。

とはいえ、交尾を受け入れる相手と受け入れない相手がいるので、異性という認識はある。もちろん、雌も鳥や採集者に追われたら逃げるので、天敵という認識もある。問題は同性という認識があるかだが、数少ない過去の研究例を見る限り、雌に同性という認識がある証拠はない。ということは、今のところ知られている限り、雄と同じような認識だと仮定すればよい。

動物の認識そのものは、人間には見えない。だから、観察事実と辻褄が合うように仮定するしかない。そういう意味で、何かふわふわした議論をしていると思うかもしれない。しかし、科学理論とはそういうものだ。証明できない前提を認めて、その上に世界観を築くしかない。前提を証明しろと言い出すと、その前提を証明するための別の前提を証明する必要が出てきて、無限後退に陥ってしまう。小学校の算数で、公理という、証明できないけど正しいと仮定するもの（平面上に、無限に延ばしても交わらない二本の直線が引ける、など）が出てきたことを覚えているだろう。大事なことは、世界観の基になる前提がシンプルで一貫していることと、その前提が他の重要な科学理論と矛盾しないことだ（矛盾するなら、それを解消する方法を考える）。

初等教育でみんなが習う万有引力も、その存在を仮定すれば物体の運動を記述できるという約束事であって、力そのものが見えるわけではない。つまり、万有引力があることにすれば、物体の落下から天体の運動まで全て辻褄が合うので、それでいいじゃないか、ということなのである。

メスアカミドリシジミの縄張り行動を調べていた大学院生のときは、暗礁に乗り上げた研究を打開したのは、極端に暑い日にフィールドで偶然観察した出来事だった。今回は、ゼミの質疑応答での何気ない一言がきっかけとなり、記憶の片隅で眠っていた珍説が掘り起こされて、多様で複雑であるとしか言えなかったチョウの行動が、単純な法則に還元された。繰り返すようだが、謎を解くカギとはこのように偶然得られるものである。どこにカギがあるか最初からわかっていたら、それ

表3　持久戦モデルと汎求愛説の説明能力

評価項目	持久戦モデル	汎求愛説
直感	○：動物が、相手の性を認識しているという仮定は、人間の直感に合う	×：動物に同性という認識がないという仮定は、人間の直感に合わない
単純さ	×：同性と異性という認識を仮定	○：異性という認識のみを仮定
卍巴飛翔や追尾の発生と持続	×：なぜ相手を追いかけるかを説明できない	○：配偶者かもしれない相手なので、追いかけることを説明できる
卍巴飛翔や追尾の後に一方の雄が縄張りから飛び去る	×：なぜ相手に攻撃されるわけでもないのに逃げるのかを説明できない	○：天敵かもしれない相手なので、追うのをやめたら相手から逃げる
蛹に集まった雄が卍巴飛翔や追尾をしない	×：説明できないor適用範囲外	○：説明できる
縄張りを持たないチョウでも雄同士が卍巴飛翔や追尾を行う	×：説明できないor適用範囲外	○：説明できる

チョウの配偶行動に関する各評価項目について、優れている方に○、劣っている方に×をつけた。人間の直感に合わないこと以外のすべてにおいて、汎求愛説の方が優れている。

は謎ではない。そういう意味で、私は研究計画という言葉が嫌いである。計画できるものは既知の作業であって、謎解きではない。

生態研時代に私が所属していた研究室の椿宜高先生にこの研究の話をすると、面白がってくれた。椿先生は、主にトンボを扱って研究されていたので、汎求愛説がトンボにも拡張できるかを検討してもらった。私は椿先生と共著で汎求愛説を論文にまとめて、学術誌に投稿した。今まで説明が難しかったチョウの縄張り争いがスッキリ説明できただけでなく、チョウの他の行動までが同じ理論で説明できたのだから（表3）、問題なく論文は通るだろう。しかし、ここからが汎求愛説奮闘記の後半の始まりだったのである。

研究者コミュニティの壁

知らない人も多いと思うので、科学論文がどのように審査されて、学術誌への掲載の採否が決まるかを説明しておこう。研究者は、自分の研究内容をまとめた論文を書いて、学術誌に投稿する。論文は英語で書くのが一般的だ。科学とは、世界中の人たちが行った研究の総体として、人類共有の知識体系を築く事業だ。だから、論文は世界中の人が読める言語で書くべきである。現状では、世界で最も多くの人に通じる言語は英語なので、特に理由がない限りは論文は英語で書くことになる。世界中の人が英語で論文を書くので、投稿先の学術誌がどの国で発行されているかもあまり関係ない。自分の研究内容に最も合うと思った学術誌に、論文を投稿することになる。

投稿された論文を受け取った学術誌の編集者は、その論文を二〜三名の査読者に送って、その論文が学術誌に掲載するに値するかしないかについての意見をもらう。査読者に指名されるのは、その論文のテーマに近い研究をしている研究者である。つまり、研究者はお互いの論文を相互に評価していることになる。査読者の意見を確認した編集者が、その論文の採否を決定する。なぜ編集者が一人で採否を決定しないで査読者の意見を仰ぐかというと、細かな研究分野の事情までは、編集者だけだと判断できないからだ。

先に進む前に、混乱を防ぐために、用語を定義しておこう。

性識別…性的ライバル（同性）と配偶者（異性）をそれぞれ認識しているということ

配偶者（異性）認識…相手を配偶者だと認識することであって、性的ライバルを認識することは含まれていない

さて、私の投稿した論文は、二ヶ月ほどで審査結果が返ってきた。結果は掲載不可だった。査読者は二名で、一名は懐疑的ながらも論文を一定評価していた。もう一名は論文を全否定していた。チ

ョウの雄同士の追いかけ合いと雌に対する雄の追尾では飛翔の形態が違うから、性を識別しているはずだとか、長いときは数十分も続く雄同士の卍巴飛翔の間、ずっと相手が異性かどうかわからないなんて馬鹿げている、といった調子だ。

しかし、私にはこの批判に根拠があるようには思えなかった。前者についての反論は簡単だ。雄同士の場合は相手も追いかけてくるから卍巴飛翔のようなお互いを追いかけ合う飛翔形態になるが、相手が雌の場合は相手が追いかけてこないので、雄が雌を一方的に追いかける飛翔形態になる。つまり、相手を追っているだけでも相手の動きによって飛翔形態は変わるので、雄対雄と雄対雌で飛翔形態が違うことだけでは、性を識別できている証拠にはならない。

後者などは反論以前の問題である。数十分追いかけ合いが続いていたからといって、相手が同性だとわかっている証拠になるわけがない（直感的には、わかっていると考えたくなるが）。では逆に聞くが、数分の追いかけ合いなら相手が同性だとわかっていないと考えてもいいのか？　そうだとしたら、数十分だと相手を同性だとわかっていると考えるのに、数分だとそう考えなくてもよい根拠はどこにある？

しかし、残念ながら掲載不可とされた決定に反論しても、覆る可能性は極めて低い。そんなわずかな可能性に賭けて掲載不可を覆す努力をするくらいなら、別の学術誌に投稿した方がよい。相性の悪い相手に固執しても仕方がないのだ。

この頃から、帝京科学大学の藪田慎司さんも研究に加わってもらって、論文をブラッシュアップした。藪田さんは、チョウチョウウオ（魚であってチョウではない）の行動を、性識別の不確実性に注目して研究していた京都大学大学院時代の先輩で、海のものとも山のものともつかない汎求愛説に興味を持ってくれた、数少ない研究者の一人だった。もっとも、その藪田さんでさえ、最初に汎求愛説を見たときは、論理をもてあそんでいると思ったらしいが。

気を取り直して、同じ分野の別の学術誌に投稿したが、結果は再び否だった。このときの二名の査読者の反応も、私の論文の決定的な欠点を指摘しているわけではないが、こんなの信じられない、という雰囲気だった。多くの人は、動物は同性も異性もわかっているという前提で物を考えるので、チョウに同性という認識はないという前提を受け入れられないのだ。ここで私は、いくら科学理論の正当性と人間の直感は関係ないといっても、実際の意思決定の場面では、研究者といえども直感や慣れた考え方に左右されてしまうことを悟ることになる。比べるのはおこがましいが、最初に地動説や進化論が提唱されたときも非難の嵐だったことを思い出した。ハッキリ言えば、研究者コミュニティの人たち（の平均）が保守的すぎるのだが、それが現実だから仕方がない。学説が研究者コミュニティに受け入れられるには、同業者を納得させなければならない以上は、そのための努力をするしかない。

論文の執筆と並行して、学会でも汎求愛説の発表をしていたが、当初の反応はさっぱりだったことを覚えている。最初に日本動物行動学会の大会でポスター発表したときは、怪しいものを見るような目を向けながらも興味を持っていろいろと議論してくれた人もいたが、一瞥して、こんなのアカンと言って立ち去った人もいた。とある学会で講演したときなどは、理屈を言ってないでフィールドでチョウを見ろ、と説教しだす人が現れる始末だった。いや、野外でのチョウの行動は過去に大量に観察したので、今はそれを基にチョウの行動を説明する理論を考えているのですけどね。

よくあったのが、性を識別しているかどうかを主張するには、チョウの複眼の構造や視神経を調べなければならない、という指摘である。もっともな意見だと思うかもしれないが、残念ながら見当外れである。生物学者でも勘違いしている人が散見されたので、説明しておこう。

複眼の構造を調べろというのは、チョウの眼の空間解像度（視力に近い意味）を調べろ、という意味だが、そんなことを調べても、性を識別する能力があるかどうかを明らかにするうえではほとんど意味がない。そもそも、チョウの見えている世界はどうやっても再現できないが、複眼の密度などから空間解像度を推定するわけである（あくまでも推定に過ぎない）。しかし、たとえチョウの複眼の構造を調べた結果、空間解像度が人間並みに高いと推定されたとしても（実際は人間よりもはるかに低いが）、チョウが性を識別できる証拠にはならない。なぜか？　カメラを例に説明しよう。

二〇二〇年時点だと、デジタルカメラで撮影した写真の解像度は、人間の目で見た像とさほど違わない。では、デジタルカメラはチョウの性を識別していることになるだろうか？　そんなわけはない。性を識別しているかどうかは、眼（感覚器）の解像度の問題ではなくて、感覚器から得られた情報を脳がどう処理するかの問題だ。つまり、チョウが同性という概念（知識）を持っているか、という問題なのである。

視神経を調べろ、という指摘も同じ理由で意味がない。もちろん、嗅覚器官からの情報を調べても同じことだ。感覚器からの入力をいくら調べても結論は出ない。感覚器からの入力を、持っている知識と照合した結果としての出力、つまり個体レベルで観察される行動を調べる以外の手段はない。

学会の大会終了後に、あなたの言うことは間違っている、という長いメールが届いたこともあった。たまには汎求愛説を熱心に支持してくれる人もいたが、多数決をすればボロ負けの状況だった。しかし、私は批判する人たちの言うことは一切聞き入れなかった。新しい理論、あるいはその時点で使えないと思われていた理論は、言い出した時点では少数派なのは当たり前である。多数決で負けたことを理由に引き下がっていたら、新しいことはできない。私は、多数派の批判はただの印象論で科学的な正当性はなく、私の方が正しいと思っていたのである。

こんなことを繰り返しているうちに、気づいたことがある。当たり前だが、論文の審査も学会発表も、人同士のコミュニケーションである。人同士は同じ言語を使えば話が通じるかというと、そんな簡単なものではない。単語も、それがつながった文も、世界で起きていることをそのまま表しているわけではなくて、何らかの前提（それは無意識に持っている場合が多い）のもとに世界を単純化（圧縮）して表現している。ということは、前提が違う人同士が同じ言語でコミュニケーションしても、なかなか話が通じないのである。

ほとんどの研究は、（正しいかどうかは別として）前提が研究者コミュニティで共有されているし、似たような研究をすでに見たことがあるので、あまり抵抗なく頭に入ってくる。しかし、今回はそうはならない。研究者コミュニティの多数派は、チョウにも同性という認識はあるという前提でものを見ている。そういうコミュニティに向かって、チョウに同性という認識はないという別の前提で何かを言おうとすると、すぐにコミュニケーションに支障をきたすのだ。

これは英語論文を書くときに顕著に現れる。英語を母語としない日本人の書く英文は、お世辞にもうまいとは言えない。それでも、世の中にある他の論文群と似たような論文なら、そこから適当な表現を借りてくることもできるし、読む方も「著者はこういうことを言っているのだろう」とあらかじめ想定して読むので、少々へたな英語でも通じる。しかし、汎求愛説はそうはいかない。似たような論文がほとんどないから、表現を借りられる場面は著しく限られるし、読む方も著者（私）の主張を想定できないから、ちょっと英語表現が悪いと、すぐに揚げ足を取られる。

また、自分でおこなった観察結果や実験結果を報告する論文だと、データを図表にして表示する。データをまとめた図表は世界共通の「言葉」だから、相手に伝わりやすい。しかし、汎求愛説は手持ちのデータを発表する論文ではない。過去に知られている事実を見るための前提を変えよう、という主張である。ということは、論理構成がすべての論文になるから、図表で示したデータという、世界共通の言葉を使えないのだ。

この状況でできることは限られている。論理展開がスムーズになるように文章を何度も練り直すことと、普段は六〇点の英語で妥協するところを、八〇点の英語にするために多大な労力をかけることで、論文をブラッシュアップした。また、誤解を避けるために、いつもならいちいち説明しないような細かいことまで、丁寧に説明するように心掛けた。そうすると、どうしても論文が長くなってしまい、多くの学術誌で語数制限にひっかかることは避けられない。

長い論文でも受け入れてくれる、ある学術誌に投稿したときは、過去二回の掲載拒否されたときよりはマシな反応だった。採否の決定は、このときの三名の査読者のうち、二名は私の論文に肯定的で、もう一名は全否定していた。編集者がこういう反応のときは、大幅な修正をして再投稿すれば、もう一度審査する、という扱いだった。査読者の意見にちゃんと答えて、論文を修正したうえで再投稿すれば、論文は採択されることが多い。この学術誌はイギリスで発行されているが、欧米人は日本人と違ってハッキリものを言うので、掲載する気がなかったら、最初から否と言ってくることがほとんどだからである。

ちなみに、全否定していた査読者は、論文一本分くらいの意見（否定する根拠）を書いてきていたが、私から見ると、どれも反論するほどでもないように見えた。結局、前提が違うから話がかみ合っていないのだ。詳しい内容は覚えていないが、飛んでいる相手の性を素早く識別できた方が子孫を残すうえで有利なのだから、チョウはそのような性質を持っているハズだという、適応進化を信奉する生物学者にありがちな誤解を滔々と述べていたのは覚えている。そういえば、日本の各種学会で講演したときも、似たような指摘を何度も受けた。

読者の参考になるかもしれないので、この指摘の間違いを説明しておこう。子孫を残すうえで有利な性質だからといって、その性質を生物が持っている理由になるわけがない。もし生物が子孫を残すうえで有利な性質を必ず持っているのなら、チョウが一瞬で遠くにいる配偶相手を見つける千里眼や驚異の嗅覚能力を発揮しないのはなぜだ？　そんな能力を持っていた方が子孫を残すうえで有利にきまっている。でも、そんな能力はないからこそ、ギフチョウはわざわざ山麓から山頂に集まってきて交尾をするし、クロヒカゲの雄は林の中の開けた空間で雌を待ち伏せして交尾するのではないか。

あるいは、ニホンジカが増えてカンアオイを食われたら、あっさりギフチョウがいなくなるのはなぜだ？　カンアオイがなくなったら、他の植物を食って成長する能力を持っていた方が有利にきまっている。あるいは、ニホンジカを殺す能力を持っていた方が有利にきまっている。でも、そんな能力はないからこそ、ギフチョウは急速に衰退したのである。ギフチョウに限らず、ニホンジカに食草を食われて衰退したチョウは枚挙に暇がない。

自然選択説は、その生物種が持っている遺伝的性質の範囲内で、生き残るうえで有利な性質が多数派になると言っているだけで、その生物種がどのような遺伝的性質を持っているか、あるいは今後新たに獲得するかについては何も言っていない。

仕方がないので、論文一本分にもなる査読者の批判に対していちいち返答して、こちらも短い論文一本分くらいにまとめて編集部に送り返した。すると再び、査読者の一名から論文一本分くらいの批判が返ってきたのである。

前回と同じような作業をしたうえで編集部に送り返したので、その件についてはもう書かない。おそらく、査読者に対する二回分の反論を合わせると、論文の本文よりも長かったと思う。編集者の判断は、私の反論は正当なので、もう査読者の意見を仰がずに論文を採択する、というものだった。三度目の正直で、ようやく研究が実を結んだのである。[7] 最初の学会発表から三年、最初に論文を投稿してから一年半が経過していた。

純粋な眼は学説に勝る？

三草山という名前は2章の最初に出てきたが、覚えているだろうか？　少年時代の私のバイブルだった『森の蝶・ゼフィルス』に登場した、大阪府唯一のヒロオビミドリシジミの産地である。三草山には、ナラガシワ、クヌギ、コナラなどのナラ類が広い範囲に生えており、昔から炭を作るために使われてきた。そして、ナラ類を主体とする雑木林は、多くのゼフィルスを育む。ここには、ヒロオビミドリシジミだけでなく、大阪府に分布するゼフィルスのほとんどの種が生息しており、一九九二年に大阪府の緑地環境保全地域に指定され、公益財団法人・大阪みどりのトラスト協会が管

2頭の雄が、くるくると回転するようにお互いに追いかけ合う。（撮影：難波正幸）

理している。

三草山では、毎年ゼフィルスが飛ぶ六月になると、市民を対象とした観察会が開催される。二〇一三年から、私はしばしばこの観察会の講師を務めている。もっとも、講師といっても、主な仕事は講演ではない。ゼフィルスは木々の梢で生活する小さなシジミチョウなので、現地に市民を集めるだけではゼフィルスの姿がちゃんと見えなくて、観察にならない。そこで、長竿を操ってゼフィルスを捕獲して、参加者に見せることのできる「講師」が必要になるのである。中学生の頃から鍛えたゼフィルス採集術は、このように今でも年に一回活用されているのだ。

さて、ヒロオビミドリシジミは縄張り争いする種である。観察会で、二頭の雄が卍巴飛翔をしている姿を見た参加者が、「あれは何をしているんですか?」と聞いてきた。雄同士の求愛行動ですよ、とでも答えたかったが、そのときは汎求愛説の論文がまだ通っていなかったので、雄同士で縄張り争いしてることになってます、と微妙な表現に留めた。するとその方は、あれって雄同士で争ってたんですか、ラブラブなのかと思った、と答えられた。鋭い!

「あれは何をしているんですか?」と聞かれたくらいだから、この方は、ミドリシジミ類の雄が卍巴飛翔という縄張り争いをする、という事前知識は持っていなかったのだろう。その状態で初めて見たヒロオビミドリシジミの卍巴飛翔は、求愛行動に見えたのだと思う。

もちろんこの方も、雄は好みの場所で雌を待ちぶせして、他の雄が飛来すると二頭で卍巴飛翔を繰り広げた結果、その場所の持ち主が決まることを知れば、雄同士の縄張り争いだと考えるだろう。そうやって長い間、チョウの縄張り争いは理解されてきた。しかし、定説を知らない(目が曇っていない?)状態で卍巴飛翔を見た第一印象の方が、正解に近かったのである。

5章

チョウにとって同性とは何か

科学理論を証明することはできないが、
反証することはできる

カール・ポパー

キアゲハの性識別

汎求愛説の論文が採択される見通しが立ってきた二〇一五年八月、私はオーストラリアのケアンズで開催された国際動物行動学会に参加した。とあるセッションで汎求愛説について講演した後、そのセッションの主催者と話をした。彼は汎求愛説をおおむね認めたうえで、一つの疑問を投げかけてきた。

北米に生息するアゲハチョウ科の *Papilio zelicaon* では、雄同士が縄張りをめぐって、空中でお互いに脚でつかみ合うような闘争をすることが報告されている。一方、縄張りに雌が飛来すると、雌の周りを縦に回転するような求愛飛翔を示すことも報告されている。これらの事実は、このチョウが性識別できていると考えなければ説明できないのではないか？

これは、過去の学会発表や論文の査読のときに飛んできた印象論による批判ではなくて、ちゃんと事実にもとづいた批判である。私は建設的批判をくれたことにお礼を述べたうえで、雄同士のつかみ合いも求愛行動の一部かもしれないが、今はわからないから検討しておく、と答えた。

さて、そう答えたのはいいものの、日本人である私が、北米に生息する *Papilio zelicaon* の行動を研究するのは簡単ではない。標本を採ってくればいいだけなら北米に数日も滞在すれば十分だが、行動の研究となると、実験用のチョウの飼育や、現地での長期にわたるフィールドワークが必要だからだ。そうなると現地での共同研究者が欠かせないが、そもそも汎求愛説を支持している人が少ない状況で、共同研究者が見つかるだろうか？

手立てがなさそうに思うかもしれないが、この場合は日本にいても解決策があると思っていた。日本に生息している近縁種のキアゲハ（*Papilio machaon*）も、北米に生息する *Papilio zelicaon* と同じように、雄同士は空中でつかみ合う縄張り争いをおこない、雄は雌に対して求愛飛翔をすることを思い出したからだ。広島大学にいた二〇〇九年に、ゼフィルスを探しに県内のとある山に出かけたときに、キアゲハが飛びながらお互いを脚でつかむような行動をしていたのを見た記憶があった。やはり、日頃から目先の研究とは関係なく、好きなことをして遊んでおくことは、その後の研究の引

雄同士が追いかけ合い、しばしば空中でお互いの脚をつかみ合う。（撮影：熊田聖三）

き出しを増やすうえで大切なのである。

ところで、汎求愛説の立場をとると、チョウの縄張り争いという表現は微妙である。彼らは居たいところに居るわけだが、それを「縄張り＝防衛される領域」とよんだり、卍巴飛翔や追尾のことを「争い」とよぶのは不適当かどうかはともかく、誤解を招きそうである。今後は、縄張りのことは「見張り場所」とよび、そこで侵入者を追いかける雄を「見張り雄」とよぶことにする。また、「縄張り争い」という言葉は使わずに、単に「追いかけ合い」や「追尾」を使うことにする。

キアゲハという名前が突然出てきたので、どんなチョウか紹介をしておこう。キアゲハは、小学校の理科でおなじみのアゲハに近縁な種で、大きさも翅の模様もアゲハにそっくりである。北海道から九州まで各地に広く分布する普通種で、春から秋にかけて、一年に数世代の成虫が現れる。食草はセリ科の植物なので、庭にパセリやニンジンを植えている人は、キアゲハの幼虫に食われたことがあるかもしれない。キアゲハは山頂を見張り場所にして、そこで雄同士が追尾することが知られていた。

したがって、キアゲハの行動の研究は山頂周辺ですることになる。もちろん、山頂ならどこでもいいわけではない。周囲に生えている木が高いと、キアゲハの活動する場所も高くなるので、実験には向かない。山頂周辺が広い草地になっていると、キアゲハは地面まで降りてきて見張り行動をすることを、日本各地のいろんな山で見た記憶があったので、そういう山が観察にも実験にも都合がよいだろうと見当をつけていた。

このとき私は大阪府立大学の研究員だったが、大阪近辺で山頂周辺が広い草地になっている山として心当たりがあったのが、兵庫県猪名川町にある大野山だ。大阪府能勢町から少し兵庫県に入ったところにあるこの山は、山頂周辺の木が刈られて見晴らしの良い草地になっていた。昔、ミヤマカラスアゲハというチョウを採りに来たので、覚えがあったのだ。

久しぶりに大野山の山頂を訪れると、予想通りキアゲハの雄が草地の上で見張り行動をしていた。

キアゲハの交尾

山頂に飛来した雌を見張り雄が追いかけて、付近の枝先に雌が静止すると、交尾をおこなう。雌が上で雄が下。雄には個体識別のための番号(13)が付いている。

これまで研究してきたチョウの中ではサイズが最も大きく、青空を背景にさっそうと飛ぶ姿もカッコいい。他の雄が目の前を横切ると、見張り雄はすぐに向かって行く。出会った二頭は、絡まるようにらせんを描きながら空に上がって行く。その後一方がもう一方を追いかける追尾となって、やがてそのうちの一頭が山頂に戻ってきて、見張りを続ける。そして、二頭が絡まり合うとき、たしかに脚でお互いをつかみ合っていた。私の記憶に間違いはなかった。キアゲハは朝から夕方まで山頂で見張り行動をしているので、さほど時間を選ばなくても研究できそうだ。

その後、何度か大野山の山頂を訪れてキアゲハを観察していると、雌が山頂に飛来することもあった。見張っていた雄はすぐに飛んでいる雌に向かって飛んで行き、雌の体の下から前方へ回り、さらに雌の上に来てから雌の後ろに回って再び雌の体の下に戻るという順で、雌の周りを縦に回転する飛翔を何回も続けた。そして、雌が付近の枝先に着地（着葉?）すると、追っていた雄も雌のとなりに止まって、交尾が成立した。この行動も、国際動物行動学会で指摘された、北米産の *Papilio zelicaon* と共通だった。行動は基本的に同じなので、北米に行かなくても日本のキアゲハを使えば問題なく研究できるだろう。

ところで、キアゲハの生態はギフチョウに似ている。1章で出てきた鴻応山のギフチョウは、山麓に自生するミヤコアオイを食べて幼虫が育ち、羽化した成虫は山頂に集まってきた。大野山のキアゲハも山頂に集まってくるが、幼虫のエサとなるセリ科の植物が山頂付近に生えているわけではない。大野山の山麓の土手にはシシウドがたくさん生えていて、キアゲハの幼虫もたくさんついて

食草のシシウドに付いている。卵から孵った幼虫は4回脱皮すると終齢幼虫になり、その次に脱皮すると蛹になる。

いた。

しかし、ギフチョウのように、山麓の食草自生地付近を羽化したばかりの個体が飛んでいる姿は、キアゲハでは見たことがない。キアゲハはギフチョウよりも大きくて、見るからに飛翔能力も高そうなので、羽化した個体はすぐに生まれた場所から飛び去ってしまうのかもしれない。その行先の一つは大野山の山頂なのだろうが、今回はキアゲハがどこから山頂にやってくるかを調べるのが目的ではないので、この件については明らかにしていない。

汎求愛説は崩れるか

さて、キアゲハを使ってどのような研究をすればいいだろうか？　問題になっているのは、雄に対する行動と雌に対する行動が異なることが、何を意味するかである。この違いが、性識別していると仮定しないと説明できなければ、汎求愛説に反する事実になる。そこで、見張り行動中の雄に、同種の雄と雌を提示して、それぞれに対してどのような反応を示すかを詳しく調べることにした。広い空間を飛び回る彼らの行動を観察しているだけでは、何をしているのかが細かく見えないからだ。ここで、雄に対して、ライバルと認識していると考えないと説明できないような行動（攻撃など）を示せば、汎求愛説は（少なくともキアゲハに対しては）崩れることになる。一方、そのような行動が見られなければ、汎求愛説は今のところ成立していることになる。

専門的に言えば、キアゲハを用いて汎求愛説を反証しようとしているのである。反証とは、ある学説に反する事実を得ることで、その学説を否定する試みである。3章で、クロヒカゲの配偶行動に関する先行研究を否定したのも反証である。実は、学説が正しいことは、どう頑張っても証明できない。もし学説が正しいことを証明できるのなら、証明された学説は未来永劫不変であるはずだが、そんなことを神ならぬ人間が保証できるはずがない。学説とは、今のところ否定されていない主張に過ぎない。

汎求愛説は、チョウには同性という認識がない、という主張を前提としている。これは、何かが「存在しない」という主張なので、積極的な証拠はない。4章でも述べたように、死後も残る霊魂が「存在しない」証拠がないのと似たようなものだ。汎求愛説は、同性という認識は存在しないと仮定しても、今のところ観察される事実に矛盾はないのだから、オッカムの剃刀を適用して、そう仮定しておきましょう、という論理だった。もっと言うなら、同性という認識がないという原理の下でチョウの行動をすべて説明しよう、というのが汎求愛説である。

だから、チョウに同性という認識が存在することが見つかれば（同性という認識を仮定しないと説明できない行動が見られれば）、汎求愛説に反する事実が得られ、汎求愛説は否定されるか、少なくとも修正されることになる。国際動物行動学会で指摘されたように、キアゲハは汎求愛説の反証になる最有力候補というわけだ。逆に言えば、そのキアゲハでも反証されなければ、汎求愛説は頑健だということになる。

この反証実験をする際に注意したいのは、問題になっていた行動は、飛翔中の同種の雌雄それぞれに対する、見張り雄の行動だということである。できることなら、飛翔中の同種の雄と雌を提示したい。しかし、生きているチョウはそんなに都合よく、実験している間ずっと飛び続けてくれるわけではない。

この問題の解決に活躍したのは、岡山理科大学の高崎浩幸先生の作った、チョウの羽ばたき装置

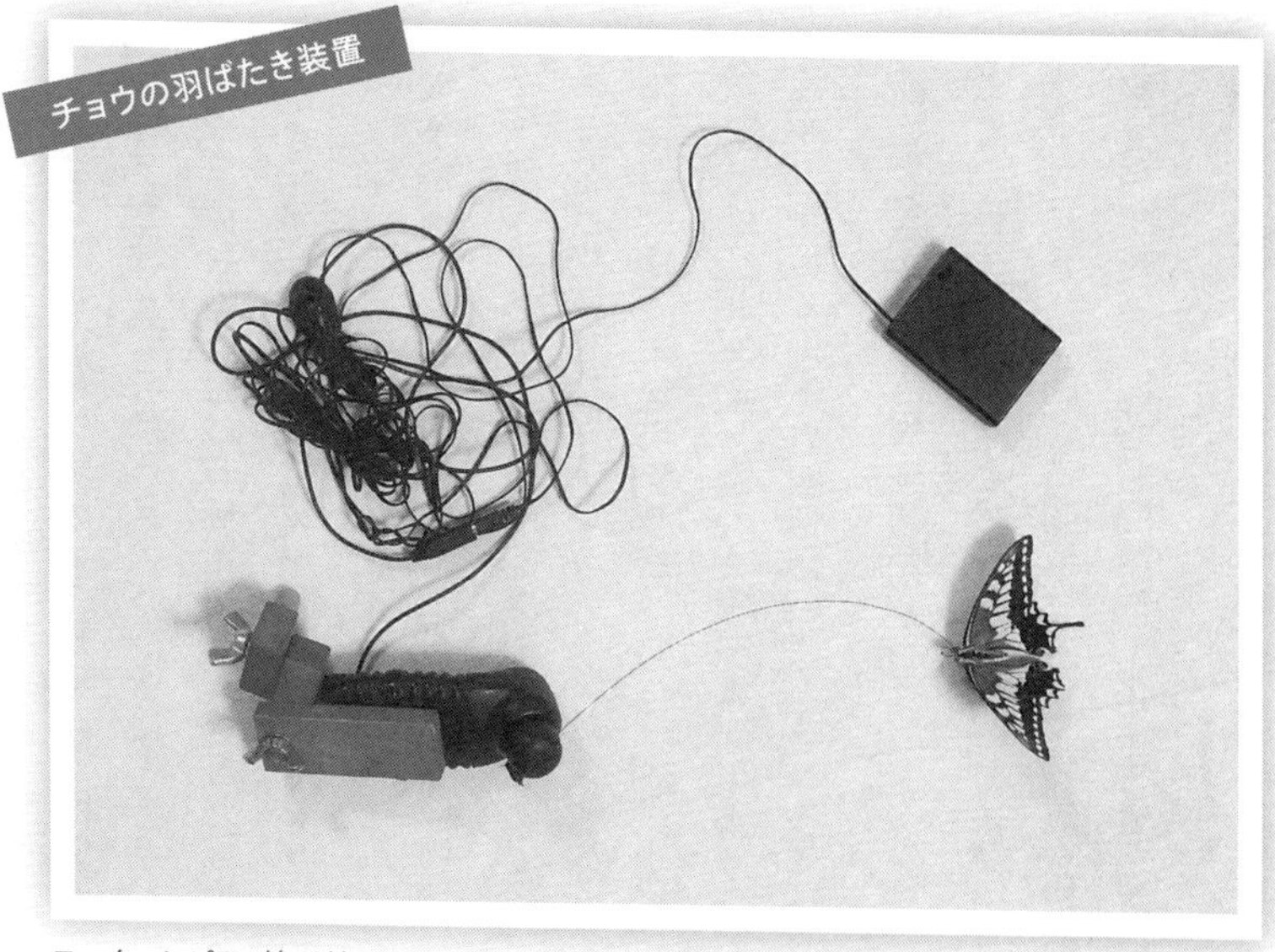

モーターにピアノ線が付いていて、その先にチョウの標本を取り付ける。
モーターを回転させると、標本が羽ばたいているように見える。

だった。この装置は、モーターの先に三〇センチメートルほどのピアノ線をつないで、そのピアノ線の先にチョウの標本を取り付ける仕組みだった[1]。電源を入れてモーターを回転させると、ピアノ線の先に取り付けられたチョウの標本がモーターの回転に合わせて周期的に揺れるのだが、それがあたかも羽ばたいているように見えるのである。これなら、電池が切れない限りは飛び続けてくれる。

高崎さんは、私の研究に興味を持って、二〇一五年に開催された日本蝶類学会のシンポジウムに、私を講演者として呼んでくれた。そのときに、私の研究に役立つのではないかと言って、この羽ばたき装置をくださった。もらった直後は、何かに使えそうだけど具体的な使い道を思いつかなかったが、わずか二年後には実験の主役になっていたのである。

さて、実験としては、見張り場所にキアゲハの雄と雌が飛来した状況を再現したいのだから、羽ばたき装置に取り付ける標本は、できるだけ生きている状態に近い方がよい。そこで、飼育してキアゲハの成虫を得ることから始めた。キアゲハの幼虫は大阪府立大学構内の溝に生えているセリにたくさんついていたので、それを採ってきて、セリを与えて飼育する。

大学構内にいるのなら大学で実験すればいいじゃないかと思うかもしれないが、大学構内では、キアゲハが見張り場所にする適当な地形がないのである。大学の横にあるニサンザイ古墳のてっぺんなら見張り場所になっているかもしれないが、木が茂っているので実験向きではない。そもそも、原則的に古墳は立入禁止である。

大野山の山頂でおこなった実験は次のようなものだ。

見張り雄に、以下の四種類の標本を一つずつ羽ばたかせた状態で提示する。

- 殺した直後のキアゲハの雄
- 殺した直後のキアゲハの雌
- クロロホルムに四八時間漬けて化学物質を抜いたキアゲハの雄
- クロロホルムに四八時間漬けて化学物質を抜いたキアゲハの雌

標本に対する見張り雄の行動をビデオで記録しておき、あとで分析する。クロロホルムに漬けるのは、体表に付着している化学物質をできるだけ除くためだ。それによって、キアゲハの配偶行動に化学物質がどのように機能しているかを確認した。チョウには、配偶者を認識するときに化学物質を使う種が多いことは、よく知られている。

実験の様子はこんな感じだ。大野山の山頂に到着すると、虫ピンで標本を羽ばたき装置に固定して、キアゲハの見張り場所に設置する。羽ばたき装置が映るようにビデオカメラを三脚で設置して、撮影を開始する。羽ばたき装置のスイッチをオンにして標本を羽ばたかせて、キアゲハの見張り場所に飛び込んできた同種のようにふるまわせる。キアゲハの見張り雄が標本に反応したらその様子を観察し、反応するのをやめたらその試行は終了とする。

見張り雄一頭に対して四種類の標本を提示するので、一頭あたり四回の試行をおこなって一セットの実験とする。もちろん、サンプル数をこなすことも大事なので、見張り雄一〇頭を用いて、一〇セットの実験をおこなう。一セットごとに、四種類の標本を提示する順番はランダムに変化させる。大野山の山頂に見張り雄は一〇頭もいないし、時間的にも一日に何セットもできないので、実験には何日もかける。

念のために言っておくと、研究者の思惑だけでこのような行動実験を計画すると、だいたい失敗する。この実験は、キアゲハの見張り雄が、羽ばたき装置に取りつけた標本に対して、生きている同種に対するのと同じように反応してくれることで、初めて成立する。しかし、こちらが思うようにキアゲハが反応するとは限らない。標本に関心を持ってくれないことも十分考えられる。むしろ、一般にはその展開になることが多いと思う。ではなぜこんな実験計画を立てたのか？

私は二〇一七年の春に、ギフチョウを求めて東広島市郊外のある山の山頂に出かけたが、そのときに羽ばたき装置を持参していた。そこにはキアゲハもいたので、試しにその場で採集したキアゲハを取り付けて、羽ばたき装置を動かした。すると、キアゲハの見張り雄が強く反応したので、この装置を使った反証実験を思いついたのである。研究を計画するには、その前の遊びが大切なのだ。

さて、大野山での実験は、今までに出てきた三種のチョウの研究では起こらなかったことに苦労させられた。それは、実験をしていたら人だかりができることである。ギフチョウの研究をしていた大阪府豊能町の鴻応山（実際は鴻応山の山頂そのものではなくて、そこから少しずれたところにある山頂地形）はチョウマニアくらいしか来ない場所だったし、メスアカミドリシジミの主な調査地だった長野市の山すそや楢川村の谷も、人に会うのは数日に一度くらいだった。クロヒカゲの調査地だった東広島市の二神山では、三頭の野犬とは一週間ほど付き合わされたものの、人に出会った記憶はほぼない。だから、他人のことはほとんど考える必要がなかった。楢川村の谷では、養蜂をされているご夫婦とときどき会ったので、その邪魔にならないように気をつける程度でよかった。

しかし、大野山はお手軽なハイキングコースで山頂直下にはオートキャンプ場まであり、週末ともなると山頂は多くの人で賑わっていた。だから、週末は実験にならないので平日に行くようにしていたが、平日でも何人かのハイカーが山頂にやってきた。それだけならいいのだが、怪しげな装置を使ってチョウをおびき寄せている私が気になるのか、何をしているのですか、としばしば尋ねられるのである。こっちは慎重に実験しているのだからそっとしておいてほしいし、羽ばたき装置に近づかれると、チョウの行動にも影響が出かねないのだが……。とはいえ、興味を持ってくれる人がいることはありがたいことではあるので、手が離せないとき以外は、聞かれたら説明するようにした。

もっとも、この展開はやむをえない面がある。元はといえば、林に覆われた山頂だとキアゲハが木の上で活動するので実験がしにくいから、山頂周辺が広い草地になっている山として大野山を調査地に選んだのである。しかし、山頂が草地になっているのは、見晴らしをよくするために周囲の木を切ったからだから、関西近郊のそういう場所にハイカーが集まるのは必然なのだ。大野山の山頂は、北には丹波の山々が、南には北摂の山々が一望でき、気温の下がった朝には山々にかかる雲海も見られる、絶好の展望場なのである。

話がわき道にそれたので、実験内容をもう一度まとめておこう。キアゲハの見張り雄に以下の四種類の標本を一つずつ、羽ばたかせた状態で提示して、反応を調べた。

- 殺した直後のキアゲハの雄
- 殺した直後のキアゲハの雌
- 化学物質を抜いたキアゲハの雄
- 化学物質を抜いたキアゲハの雌

脚で翅の付け根あたりに触れる→標本の周りを回転飛翔する、という行動の連鎖を繰り返す。標本の周りを回転飛翔しようとすると、装置のピアノ線が邪魔になるので、雄の回転飛翔はぎこちない動きになっている。〈動画URL〉https://youtu.be/O3Zdvyi8Qjs

脚で翅の付け根あたりに触れる行動を続けるが、雌の標本に対して見せるような、回転飛翔はおこなわない。　〈動画URL〉https://youtu.be/OVwTEkP52QE

ときどき途中で邪魔が入って失敗しながらも、二〇一七年の六月中旬から八月上旬の間に、一〇セットの実験をこなすことができた。ビデオを再生するまでもなく、大野山で実験中に見ているだけで、キアゲハの見張り雄の行動はよくわかった。

殺した直後の雌に対しては、見張り雄は翅の付け根あたりに脚で触れたあと、野外の雌に対する求愛飛翔と同じ縦に回転する飛翔を示す。その後また翅の付け根に触れたり回転飛翔したりを繰り返した。モーターの回転が弱いと、そのまま雌の死体にしがみついて交尾してしまうこともあった。殺した直後の雄に対しては、見張り雄は翅の付け根あたりに脚で触れるが、回転飛翔を示すことは稀で、延々と触れたり離れたりを繰り返す。

化学物質を抜いた標本に対しては、雄の標本にも雌の標本にも反応が弱い。前翅の付け根に触れたらすぐ飛び去ったり、近づくだけで飛び去る見張り雄も多かった。

この結果はどう説明すればいいだろう。殺した直後の雌の標本に対する反応から、キアゲハの雄の求愛行動は、

1. 飛翔方向が相手に向かう
2. 相手の翅の付け根あたりに脚で触れる
3. 相手の周りを縦に回転飛翔する
4. 相手が着地したら交尾する

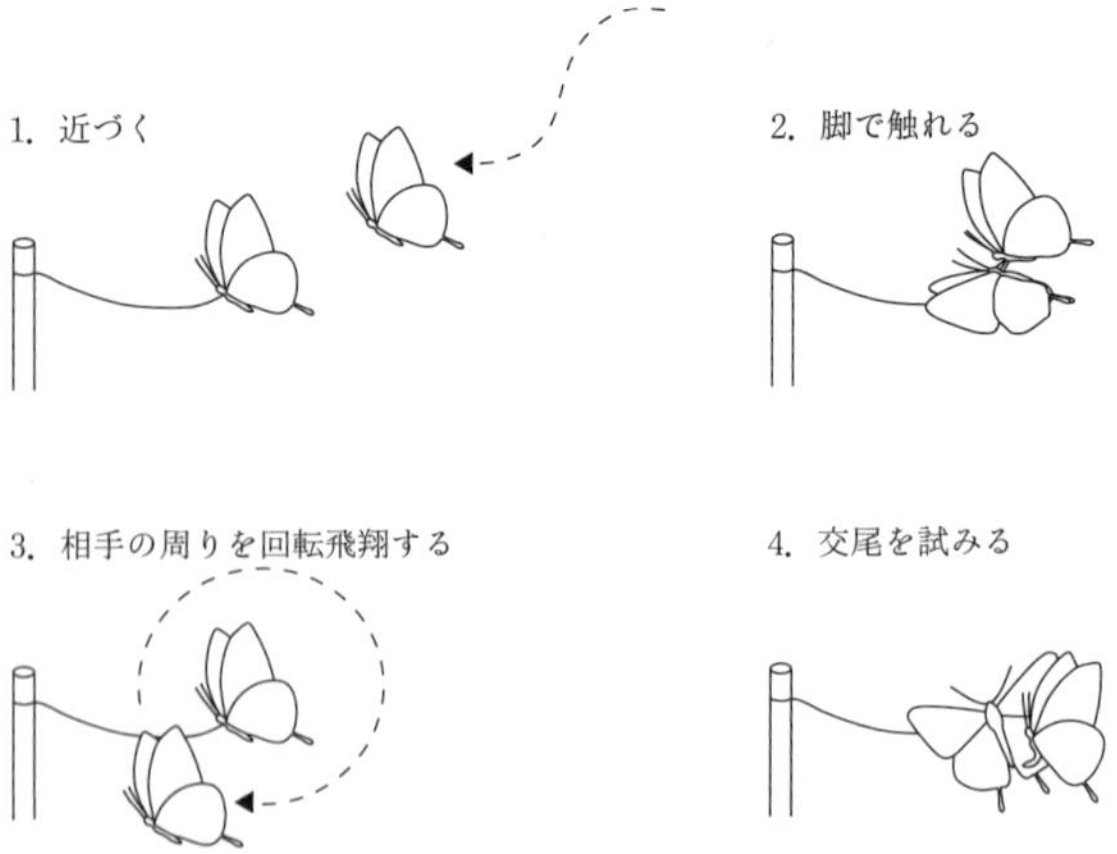

図15　キアゲハの求愛行動の段階

参考文献[4]より一部改変。

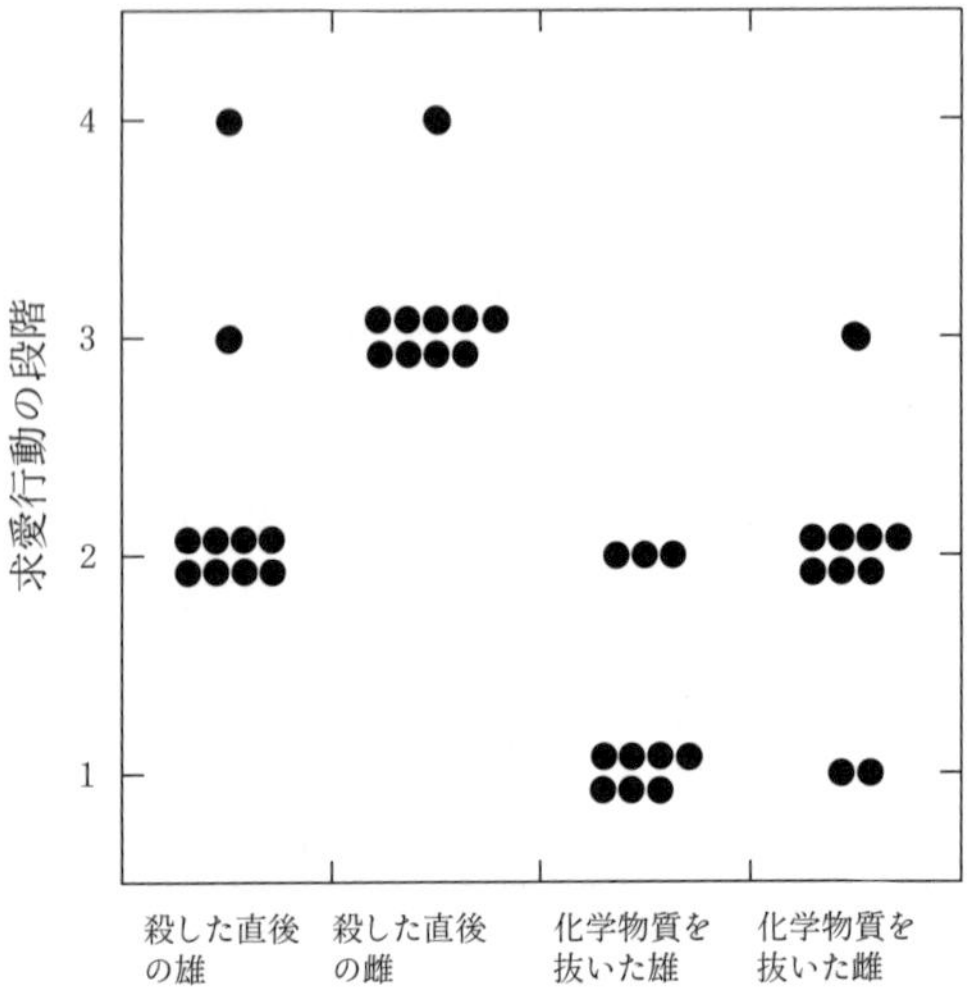

図16　それぞれの標本に対する見張り雄の反応

参考文献[4]より一部改変。

の四つの段階から成ることがわかる（図15）。殺したばかりの雌に対しては反応が3まで進むのに、化学物質を抜いた標本に対しては反応が2まで進んですぐに終わった。この結果から、キアゲハの雄は相手の認識に化学物質を使っており、反応2は化学物質を用いて相手が何者かを知ろうとしている行動であることがわかる。チョウは脚（特に前脚）に感覚毛を持っており、それを使って「味見」をする。産卵期の雌が食草を確認するときは、前脚で葉を叩いて化学物質を確認することはよく知られている。

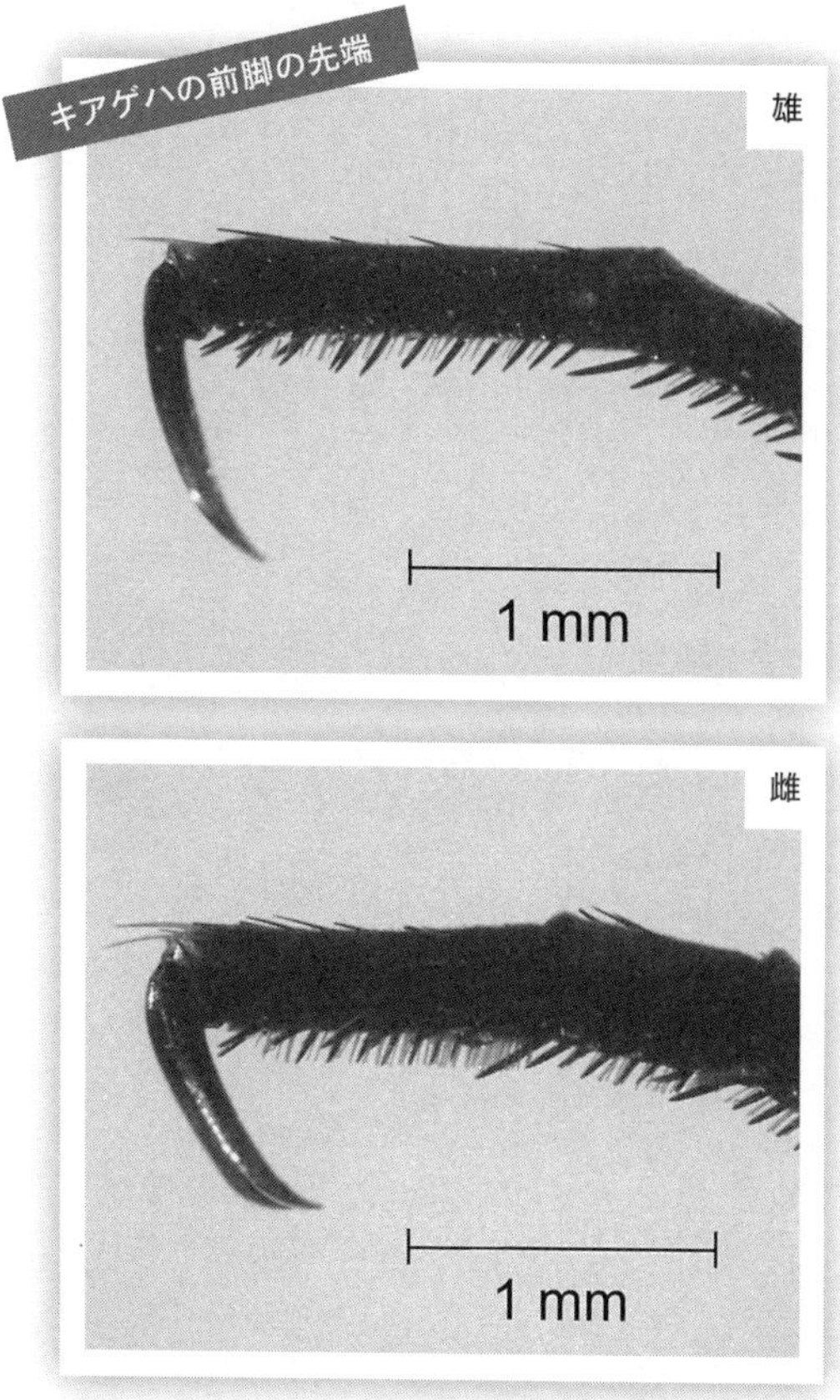

黒くて先が尖っている剛毛の間に、剛毛よりも少し短い感覚毛が生えている。雌の方が雄よりも感覚毛が密に生えている。

反応3は相手を着地させるための行動だろうから、この時点では相手を配偶者と認識していることになる。自然に見られる求愛行動でも、反応3の後で雌が付近の枝先に止まると、雄も隣に止まって交尾が成立する。

殺したばかりの雄が相手でも、雌に対して示した反応2、すなわち相手が何者かを知ろうとする段階まで示したが、そこから先に進まなくなっている。つまり、キアゲハの雄は相手が雌の場合は配偶者と認識できるが、相手が雄の場合は、相手が何者かがわからずに、情報収集を続けていることになる。この結果は、同性（性的ライバル）という認識がないと仮定する汎求愛説で説明できる、というより、汎求愛説の前提そのものだ（図16）。

結局、汎求愛説にとって最も都合の悪そうに見えたキアゲハでも、汎求愛説は反証されなかったのである。つまり、今のところ汎求愛説は、すべてのチョウに対して成り立っていることになる。

また、この実験から、キアゲハの雄は相手が異性かどうかを確認するときに、まずは相手の翅の付け根あたりに脚で触れることがわかった。ということは、キアゲハの雄同士が空中で脚をつかみ合って争っているように見えるのは（200ページ写真）、相手を攻撃しているわけではなく、お互いに相手が異性かを確かめるために、化学物質を摂ろうとしている行動ということになる。まさに、ライバルという認識がないから、闘争（的な行動）が成立するのである。

大野山でキアゲハを観察していると、キアゲハ同士の追いかけ合いだけではなく、他の動物との相互作用もしばしば見られた。山頂で見張り行動をするチョウはキアゲハだけではない。タテハチョウ科のツマグロヒョウモンという中型のオレンジ色のチョウの雄も見張り行動をしていた。キアゲハとツマグロヒョウモンが出会うと、やはり少し追いかけ合いになるのだ。ただし、追いかけ合う時間は、キアゲハ同士の場合よりはずっと短い。また、山頂にはアゲハやミヤマカラスアゲハやモンキアゲハなど、キアゲハ以外のアゲハチョウ類も飛んでくる。これらのチョウは、山頂で見張り行動をするわけではなく、山頂を含んだコースを探雌飛翔しているようである。これらの種が現れても、やはりキアゲハの見張り雄は短い時間だが追いかける。山頂にはコオニヤンマやウスバキトンボなどのトンボも飛来するし、ツバメ類などの鳥類も飛来する。すると、キアゲハの見張り雄は短い時間だが、これらを追いかける。

要するに、自分とさほど大きさの変わらないサイズの飛翔物体は、すべて追いかけるのだ。ただし、同種の場合よりは追いかける時間が短いので、関心の度合いは低いことになる。平均すると、キアゲハの雄同士の追いかけ合いは一五〜二〇秒ほどで、他の動物を追尾する時間は二〜三秒ほどだった。[2]

ちなみに、コオニヤンマやツバメ類などは、むしろキアゲハの天敵になる動物である。実際、大野山でキアゲハの見張り行動を観察していたときに、山頂を飛んでいた雄がコオニヤンマに捕食されたケースを一度観察している。

これらの観察事実が何を意味するかを考えるには、ヤーコプ・フォン・ユクスキュルが提唱した、環世界という概念が有効である。[3] 環世界とは、ある生物が経験している知覚世界のことである。ポイントは、唯一の客観的な世界があるわけではなく、それぞれの生物種はその種なりの感覚器と脳を使って、その種なりの世界認識をしている、という考え方である。そんなことは当たり前だと思うかもしれないが、人間は無意識に自分の世界認識を他の動物にも適用しようとするので、環世界の概念を意識することは大切だ。実際、汎求愛説を批判してきた人たちは、人間の世界認識をチョウに適用していたから、性識別できた方が有利なのに、それができないのはなぜだ?というような意味のないことを言っていたのである。

さて、観察および実験結果から仮定される、最も単純なキアゲハの環世界を構築してみよう。相手が見張り場所に飛んできた状態では、キアゲハにとっては未確認飛行物体であり、異性かもしれないし天敵かもしれない。だからこそ、天敵でも追いかける。つまり、キアゲハにとって、同種も異種も含めて、他者とはさまざまな程度で好みの配偶者像に似た「何か」なのだ（図17）。異種だとあまり似ていないので、魅力が低く、すぐに追いかけるのをやめる。同種の雄というのは自然界のさまざまな動物の中では相当に好みの配偶者像に似ているので（同種の雌に次ぐくらい）、追いかける時間も長くなるし、触れる時間も長くなる。同種の雌は好みの配偶者像に最も近いので、配偶行動の段階も進んで、交尾に至ることが多いのだ。

このような観察はキアゲハに限らない。見張り行動を示す多くのチョウで確認されている。もち

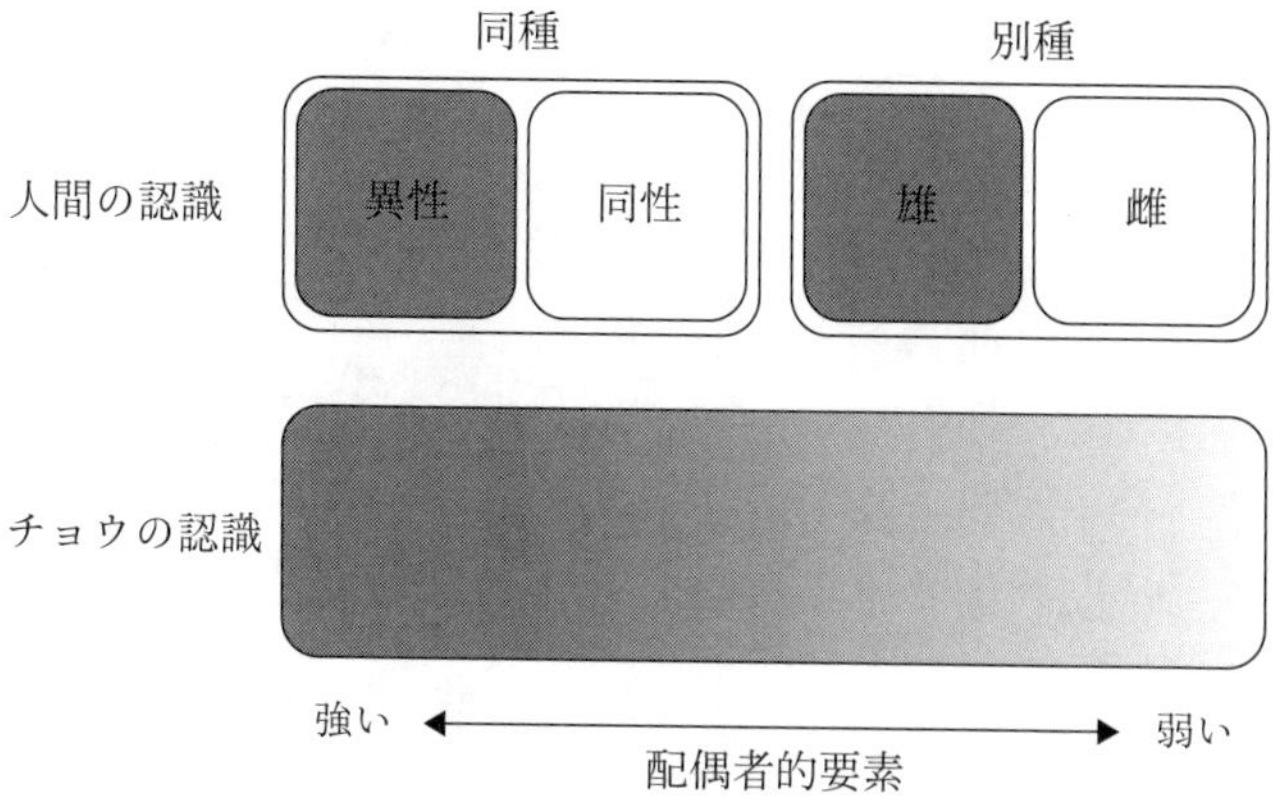

図17　人間の世界認識とチョウの世界認識の違い

人間は、動物を種や性別でカテゴライズするが、チョウは、どれくらい性的に魅力があるか（配偶者像に近いか）で認識している。どれくらい危険かという認識軸もあるが、ここでは省略した。

ろん、メスアカミドリシジミの見張り雄も、飛んでいる異種の昆虫を追いかけていたし、クロヒカゲもそうだった。つまり、チョウとはそういう曖昧な環世界で生きている動物なのである。決して相手をさっと見分けて、最適な行動を示すわけではないのだ。

汎求愛説にもとづくと、チョウはなぜ美しい色彩を持つのかとか、なぜ雄と雌で斑紋が大きく違う種がいるのか、などの疑問にも答えられる。2章で、クジャクの雄の尾羽が美しいのは雌がそういう雄を選んで交配するからだ、という性選択説が出てきたのを覚えているだろうか？　私が研究を始めた二〇〇〇年頃は、チョウではそういう証拠はほとんどなかった。しかし、その後、雌が色彩の鮮やかな雄を選んで交配しているという研究がチョウでもいくつか出てきた。この類の研究で困るのは、雌が美しい雄を選ぶことを、利己的な遺伝子の原則にもとづいて説明できない（どんなメリットがあるのかが不明）ことだった。雄の美しさは遺伝的な生存能力の高さを反映しており、そのような遺伝子を子に伝えられるから雌は美しい雄を選ぶ、という説はあったが、それを支持する証拠はほぼ得られていない。

しかし、チョウが異種も同性も、さまざまな程度で配偶者像に似た何か、という環世界で生きているのなら、色彩の鮮やかな相手を好んで交尾する性質があっても不思議ではない。彼らにとって、さまざまな動物が生きている世界で、交配すれば子ができる相手を正しく選ぶことは簡単ではないのだ。実際、飛んでいるものなら同性でも異種の昆虫でも鳥でも追いかける程度の認識能力である。下手をすれば天敵にも向かって行ってしまう。だったら、「私は配偶者である」というシグナルを、できるだけ遠くからわかりやすく異性に伝えるような形質なら、どんなものでも役に立つことになる。特徴的な翅の模様や目立つ色彩を持っている相手を好めば、それだけで異性に当たる確率を多少なりとも上げられるのである。

それでも、種によっては明確な性的二型があるのに、なぜ雄は雄を追うのか、異性でないことくらいすぐにわからないのか?と思うかもしれない。私も大学院生のときはそう思った。しかし、その疑問自体にあまり意味がない。明確な性的二型があればすぐに異性を見分けられる、というのは人間の感覚に過ぎない。チョウが同じような感覚を持っていると考える根拠はない。わずかな臭いで麻薬を発見するイヌは、人間からすれば信じがたい能力である。しかし、イヌの立場になると、なぜこんな明確な臭いがするのに、人間は麻薬に気づかないのだ、と思っているようなものだ。人間の環世界を他の動物に当てはめることはナンセンスである。

ちなみに、チョウが見張り場所にするのは、林の中の小さな空間や山頂など、チョウのサイズからすれば開けた場所であることが多いことも理解できる。そういう場所でもないと、近くに現れた異性を見つけられないのだ。

こんな話を聞くと、チョウは馬鹿だと思うかもしれない。そう思うのは自由である。しかし、チョウたちは、実際に長い生命の歴史を生き残って世界各地に分布を広げているのだから、彼らのやり方で結果は出ているると、素直に評価すべきだろう。

人間が見て賢いと感じるような、高い認知能力や学習能力を持つには、脳神経系を発達させなければならない。私見だが、それは動物に負担をかけているではないかと思う。それを維持するのがよいのか、脳も体も軽くした方が実戦向きなのかは、人間の印象で判断できるようなことではない。

再び研究者コミュニティの壁

さて、汎求愛説の論文も通ったことだし、その反証をキアゲハで試みた実験をまとめた論文はすんなり通るだろう、と思うだろうか？　残念ながら、論文が一本出たくらいで研究者コミュニティの雰囲気が一変するわけではない。キアゲハを用いた反証実験の論文を学術誌に投稿したところ、またまた三名の査読者から、山のような批判を受けることになった。

査読者の一人は、雄の標本よりも雌の標本に対して配偶行動の段階が進むから、性を識別しているハズだと言い出した。そんなわけがない。配偶行動の段階が違うことと、性を識別しているかは、まったく別問題である。では、化学物質を抜いた雌の標本よりも死亡直後の雌の標本に対して配偶行動の段階が進んだという実験結果（214ページ図16）は、キアゲハの雄は性を識別している（化学物質を抜いた雌の標本を同性、死亡直後の雌の標本を異性と認識している）ことを意味するのか？　そうではない。配偶行動の段階が進む方が、より性的に魅力的な（モテる）だけである。この査読者は、チョウは性を識別しているはず、という前提を無意識に持っているから、配偶行動の段階が違うという実験結果を、性識別の証拠だと見なしてしまうのである。

もっとも、この査読者のような反応になるのも仕方がない一面はある。過去のほとんどの論文では、似たような実験結果を、性識別の証拠だと解釈していたからだ。もちろんそう解釈するのは、チョウ（動物）は性を識別しているはず、という暗黙の（正しくない）前提が、研究者コミュニティで共有されているからである。結局、実験結果から導かれる結論は、その実験以外の多くの前提に依存しているのである。その前提の正否は、単一の実験から出てくるわけではない。

二人目の査読者はもう少し思考が柔軟で、雄の標本よりも雌の標本に対して配偶行動の段階が進むという結果は、性を識別していると仮定しても、識別していないと仮定しても説明できるので、さらなる検証が必要だと言っていた。しかし、この指摘は間違いである。性を識別しているとも識別していないとも受け取れるというのなら、オッカムの剃刀を適用して、性を識別していないという仮定を採用しなければならない。前にも言ったように、性を識別していない（正確には、同性という認識がない）という主張は、何かが「存在しない」という主張なので、証明はできない。オバケが存在しないことを証明できないのと同じだ。だから、性を識別していると仮定しないと説明できない事実が見つからない限りは、識別していないことにすればいいのだ。

こういう当然の判断ができないのも、チョウ（動物）は性を識別しているはず、という暗黙の（正しくない）前提が研究者コミュニティで共有されているからだろう。

三人目の査読者は、私の研究を批判するというよりは、チョウの縄張り行動や配偶行動を認識の制約として説明するのはあまりにも強力なオッカムの剃刀の使い方であり、そんなことをしたら過去の多くの研究を切り捨ててしまう、と言い出した。そんなことは私の知ったことではない。

本論文は、二回の大修正を経たにもかかわらず、掲載不可になってしまった。編集者からの連絡を読む限り、査読者の批判を真に受けたというよりは、この研究の基になっている、キアゲハの自然状態での雄同士の絡み合いや雌に対する雄の求愛飛翔が記載された論文がないことを問題視して、掲載不可にしたようである。つまり、報告されていない観察事実にもとづいた論理展開になっている、ということである。

実は、私はこの欠点を自覚していた。研究を始めたときは、キアゲハはユーラシア大陸から北米大陸まで、北半球に広く分布するチョウなので、その行動を記載した論文はすでに誰かが発表しているだろうと思っていた。だから、それを引用すれば事足りるだろうと思っていたのだが、いざ論文を書く段になって探してみると、そんな記載論文は見つからなかったのである。正しい手順としては、まずキアゲハの行動を記載した論文を私が書くことだが、今さら面倒なので、キアゲハの近縁種の行動を記載した論文の引用ですまそうとしていたのだ。

正論を突き付けられると、抵抗しても無駄である。私はまた大野山に通って、キアゲハの行動を観察したりビデオで撮影したりして、自然状態での雄同士のつかみ合いや雌に対する求愛飛翔を記載する論文の基になる事実を集めた。論文の審査結果を受けて突然必要になった研究であり、私だけで十分な観察をこなしている時間もなかったので、京都大学蝶類研究会の後輩の熊田聖三君に、フィールドワークを手伝ってもらった。熊田君は写真撮影も得意で、200ページのキアゲハの写真は、その時に彼が撮影したものである。

こういう研究は、すでに自分が知っていることを、論文に書くために再確認する作業なので、面倒である。しかし、こういう作業中に、予想外なことが観察できることもある。

大野山の山頂でキアゲハを見ていると、個体数の多い時期にはしょっちゅう雄同士が追尾をしていた。はじめは二頭がお互いを脚でつかむかのように絡まり合いながら上昇するが、そのうち一方の雄が逃げ出して、もう一方の雄がそれを追いかける展開になる。最初から一方がもう一方を追いかける展開になることもしばしばある。そして、追いかけていた雄が山頂に戻ってきて、再び見張り行動を続ける。

この展開はメスアカミドリシジミでもクロヒカゲでも同じなのだが、追いかけられた方の雄がどうなるかはわからないことがほとんどだった。この二種は樹林で生活するチョウなので、追いかけられると木の上を越えて行ったり、林の中に飛び込んだりして、それ以上は観察できなくなってしまうからだ。しかし、大野山は山頂付近から直下のオートキャンプ場までが草地になっていたので、追いかけられた方のキアゲハの雄がどうなったかまでが見えることがしばしばあった。

一方の雄がもう一方の雄を追って斜面を下って行って、ある程度で追いかけるのをやめると、追っていた雄は山頂に戻ってきて見張り行動を続ける。追いかけられた雄は斜面の下部をうろうろしているが、しばらくすると山頂に戻ってくる。そして、再び山頂で見張り雄に出会うと追尾が始まる。こんなループが繰り返されていたのである。

この観察結果も、縄張り争い的な世界観よりも汎求愛説的な世界観の方が上手く説明できる。キアゲハの雄同士の追尾が、ライバルを認識した縄張り争いだとしたら、かなわない雄がいる縄張りに何度も戻ってくるのはおかしい。争いに負けた雄は、別の縄張りを探しに行く方が適応的だ。しかし、汎求愛説的にはおかしくない。山頂とはキアゲハにとって異性を見つけやすい見張り場所である。さっきはそこで異性とも天敵とも判断できない動物に出会って、一度はその相手から逃避したが、山頂が異性を見つけやすい場所であることには変わりない。縄張りではないので、山頂がいつも強い雄に占有されているという認識もない。だったら、もう一度そこに戻ってくるのは適応的な行動である。

話が横道にそれてしまったが、まずは大野山で観察したキアゲハの行動を記載する論文を発表した。[2]そして、その論文を根拠にして、キアゲハを用いた汎求愛説の反証実験の論文を書き直して別の学術誌に投稿したところ、今度は比較的すんなり採択された。[4]それが二〇一九年のことである。最近の汎求愛説を取り巻く状況は、こんな感じである。

ギリシャのスパルタ郊外にて

汎求愛説を主張すると疲れることばかりだと思われそうなので、汎求愛説的な世界観を持っていてよかった経験を紹介しよう。もっとも、私は科学論争は嫌いではないので、批判者の相手をすることはストレスではないのだが。

二〇一九年三月二六日、私はギリシャのスパルタ郊外、タイゲトス山の中腹にいた。ここには丘一面に野草の花が咲く、おとぎの国に迷い込んだような風景が広がっている。日本のサクラのよう

ギリシャのスパルタ市郊外アナヴィリティ村から撮影。

に枝いっぱいに桃色の花を咲かせているのは、マメ科のセイヨウハナズオウだ。

スパルタを訪れた目的は、古代遺跡を鑑賞することではない。中東からバルカン半島にかけて分布する、シロチョウ科の *Anthocharis damone* というチョウの姿を見たかったのだ。このチョウの雄は、翅が黄色地で、前翅の先が橙色になるとても鮮やかなチョウである。雌の翅表は白地で、裏面は黄色地である（口絵8ページ）。

朝から抜けるような青空が広がり、気温の上がりだした午前九時頃から *Anthocharis damone* は活発に飛翔を始めた。さまざまな花の咲き乱れる草原を、赤と黄色の塊のようなチョウが飛び交う様は、まさに春爛漫である。さて、このチョウは探雌飛翔をする種らしく、雄はお花畑を止まることなく飛び続けて、雌を見つけると求愛する。

飛んでいる雄は、アブラナ科の黄色い花や、真ん中が黄色くて白い花びらを持つ野菊には何度も近づいてくる。私は花に止まって吸蜜するかと思ってカメラを構えるのだが、雄はこれらの花に近づくだけでまったく止まらないのである。おかげで一枚も写真が撮れなかった。私はこのお花畑で二時間ほど過ごしたが、雄が吸蜜に来たのはただ一回で、紫色のアブラナ科の花だった。

せっかくギリシャまで来てお目当ての*Anthocharis damone*を見つけたのに、いい写真が撮れないまま帰国するのはくやしい。そこで、午後からは同じ山塊の少し離れた場所を訪れてみた。そこでも雄はアブラナ科の黄色い花に寄ってきてもまったく止まらなかったが、カノコソウ属の薄桃色の花には次々に吸蜜に訪れていたのである。

普通に考えると、意味のわからない行動である。吸蜜しないのに、なぜアブラナや野菊の花に寄ってくるのか？ しかし、汎求愛説的な視点を持っていれば、*Anthocharis damone*の行動は説明がつく。このチョウにとって、黄色っぽいものは性的なシグナルなのだろう。だから、黄色い花を見つけた雄はとりあえず寄ってくるが、エサが欲しくて寄ってきているわけではないので、止まって吸蜜には至らないのだ。異性ではないと判断すると、飛び去ってしまうのである。

チョウの見張り行動は普遍的な現象

日本にはチョウマニアが数千人程度いると見積もられている。日本人は虫が好きな人の割合が高い民族なので、他の国ではチョウマニアはもっと少ないとは思うが、それでも地球上には何万人ものチョウマニアがいるはずである。それだけの人が、少なくとも第二次世界大戦以降、世界各地で継続的にさまざまなチョウの生態を見ていたにもかかわらず、チョウが同性を認識していることを支持する証拠がないことに気づかなかった、あるいは一部の人は気づいていても、それを科学の言葉で表現できていなかったことは、驚きである。どこかの山奥にしかいない珍しい種の特異な生態が発見されたのではない。世界にいる約二万種のチョウに共通する基本的な性質が、今頃になって明らかになったのである。それだけ、有性生殖する生物にとって性の識別は当たり前、という先入観に人間が支配されていたことの裏返しでもある。

私はチョウを見るのが好きなので、どの国に行っても、チョウのいそうなところに出かける。これまでに、アジアとヨーロッパを中心に一〇ヶ国ほどの野山を訪れている。それも、野外調査のための数ヶ月から年単位の長期滞在ではなく、一日から一週間程度の、短期の観光である。それでも、どこに行ってもチョウの見張り行動は見られた。それほどチョウには普遍的な行動なのだ。

私もチョウマニアなので、珍しいチョウを見つけたときの感動は十分にわかる。また、アリの巣の中で成長するゴマシジミや、北米大陸を南北に大移動することで有名なオオカバマダラなど、稀有な生態を持つチョウには、やはりロマンを感じる。しかし、珍種を発見したり、特殊な生態を持つ生物を調べることよりも、普遍的な現象を解明する方が科学にとっては価値があると私は考えている。なぜなら、一般性があって適用範囲が広いからだ。オオカバマダラの移動習性がわかっても、それは大移動するごく一部のチョウ（もしかしたらオオカバマダラだけ）の理解にしかならないかもしれない。しかし、チョウの「縄張り争い」という、普遍的に見られるが説明しにくかった行動を研究することで、チョウの性認識という、すべてのチョウに見られる現象の理解へとつながった。そして、普遍性のある現象だからこそ、研究のために外国の調査地に赴く必要もない。世界のどこでも見られる現象だから、自分の生活圏の中で落ち着いてじっくり研究することができる。

本書に出てきた研究も、すべて日本に生息しているチョウを用いている。そこから得られた結論は、英語論文にして世界の人々に向けて発信すればいい。すべてのチョウに適用される法則なので、世界の人々がわざわざ日本に来て確認しなくても、自分の国のチョウを使って確かめることができる。そして、汎求愛説に不備を見つけて英語論文を発表して指摘してくれたら、私が学説をブラッシュアップする。汎求愛説よりも優れた学説が現れたら、今度は日本のチョウを使って私が確認する。

実際、二〇一九年には私の論文に反応するように、ブラジル人の研究者が、動物の闘争行動とされている行動の一部は求愛行動と区別ができないことを認める論文を出していた。[5] この論文では、チョウという生物群全体で、縄張り争いと思われていた行動がすべて求愛行動だったとは信じがたい、という扱いだった。初めのうちはそんなものだろう。

二〇二〇年にイギリスで発行された専門書では「持久戦か誤認識か？」という一節が設けられていた。[6] 見出しの通り、「縄張り争い」は多くのチョウで見られ、どの種でもよく似た行動を示すが、それを持久戦と見るか誤認識と見るかで、専門家の立場が一致していない、という扱いだった。今後、汎求愛説が当然ということになるかもしれないし、別の学説に取って代わられるかもしれない。そんなのはどちらでもいい。世界中の人々の集合知が形成できる環境が重要なのだ。

汎求愛説は、チョウを見る前提を変える試みだが、このような試みはさまざまな生物でおこなわれるべきだと思う。生物学の前提は、天動説のように人間の素朴な感覚にもとづいていることがあり、まだまだ洗練の余地があるからだ。たまたまチョウは、相手を攻撃せずに自分からエネルギーを失う縄張り争い、という不可解な行動をするので、同性を認識しているという前提を疑うきっかけが生じた。

読者のみなさんも、動物を見ていて理解しがたい現象があれば、思い切って動物を見る前提を考え直してみてはいかがだろうか？　今までとは違う世界観が成立するかもしれない。

あとがき

「今の動物の研究は人間の視点でやっていて、動物の視点になっていない」

私が大学院修士課程の頃の飲み会で、動物行動学研究室の教授だった山岸哲先生が仰っていた言葉で、本書の巻頭言にも登場している。もちろん、正確な言い回しまでは覚えていないから、適当に復元したものである。当時の私は、動物の視点で研究するとは具体的にはどういうことで、それにどんな利点があるのか見当がつかなかった。だから、聞き流していたのだが、何となくフレーズだけは記憶の片隅に残っていたらしく、本書を書き終えたところで思い出すことになった。

私の研究を振り返ると、チョウの縄張り争いがどのようなルールで決着しているかを調べているうちに、なぜ相手を攻撃しないのにお互いを追いかけるのか、という疑問にぶつかった。試行錯誤の末に、チョウの認識能力にオッカムの剃刀を適用してみたところ、チョウに同性という認識はない、と仮定する汎求愛説にたどり着いた。つまり、性は識別できて当たり前という人間の視点を捨てて、同性という認識はないというチョウの視点に立ったことで、チョウのさまざまな行動が説明できたことになる。ここに至って、ようやく昔の先生の言葉の意図を、私なりに理解したのである。

山岸先生は私が大学院生の間に退官されたので、研究上での交流はほとんどなかったが（自分が退官する年度までに博士号を取得する予定のない学生の指導教官にはならない）、いいことを教えてくれたものである。

ところで、科学研究といえば正確な観測事実にもとづいて厳密な結論を出すものと思っていたのに、汎求愛説は、理論（概念）が先行した、いい加減な結論の導き方だと思ったかもしれない。実はここには、科学とは何かという大きな問いが隠れている。フィールドワークだけでなく、科学そのものにも興味のある人向けに、少し詳しく説明しておこう。

正確な事実を積み重ねていけばいつか一般理論にたどり着くというのは、フランシス・ベーコンが一六〜一七世紀に唱えた経験論で、誰にでも納得しやすい考え方だろう。しかし、科学はそんなに単純なものではないことは、すでに明らかになっている。実は、理論と事実は明確に切り分けられるものではないのだ。どういうことか？　科学史において一時代を築いたフロギストンに登場してもらおう。

鉄を燃焼させたら焦げて質量が増えた、という実験結果を得たとしよう。この事実から、鉄が空気中の酸素と結合した、と現代人は結論する。中学校の理科の教科書にもそう書いてある。ところが、三〇〇年くらい前の人は、いささか異なる結論を出していた。当時は燃焼という現象は、物質に含まれるフロギストンという「何か」が、物質から遊離して炎となって上がっていくことだと考えられていた。この理論が正しければ、燃焼後には遊離したフロギストンの分だけ物質の質量は減るはずなので、鉄の燃焼実験によってフロギストン説は簡単に否定される、と思うだろう。しかし、当時の人はそう考えなかった。フロギストンはマイナスの質量を持つので（だから炎は上に向く）、燃焼してフロギストンが遊離した鉄は質量が増える、と考えたのだ。

昔の人は馬鹿だったなどと考えてはならない。それではあなたは、三〇〇年前の条件で、燃焼とはフロギストンの遊離ではなくて酸素との結合であると証明できるか?

質量の変化という厳密そうな測定事実にもとづいていても、背景に持っている理論が異なれば、結論はまったく違うものになる。さらに、「質量って何だ?」「全ての存在に適用できる概念なのか?」などと疑い出すと、事実を集めるための測定すらできなくなってしまう。

これが、理論と事実は切り分けられない、ということなのだ。動物が求愛していた、闘争して体重の大きな個体が勝った、などの「事実」を観察したとしても、動物のある状態を求愛や闘争と見なしたり、体重を測定すること自体が、何らかの理論や前提に依存している。つまり、理論から独立した観察などはありえないので、単一の観察や実験の結果によって、科学理論の正否を判定できるとは限らないのだ。だから、5章で出てきたキアゲハの行動実験の結果をめぐって、私と査読者の間で解釈がずれたのである(222ページ)。

結局、科学理論とは、観察されるさまざまな物事を矛盾なく記述できるように作られた枠組みであって、正しいか間違っているか、というような単純なものではない。私が汎求愛説を考えたときに、チョウの縄張り争い「だけ」でなく、チョウの行動全般と矛盾が生じないかを確認したのは、チョウの行動を記述する枠組みとして汎求愛説が機能するかが重要だと思っていたからである。

少々難しい話になってしまったかもしれない。これは、科学とは何かを問う、科学哲学の範疇になる。私が科学哲学に興味を持ったのは、大学院修士課程の頃だった。自分で研究をするようになったので、科学とは何かを考えずにはいられなかったのだと思う。当時の動物行動学研究室は学生を管理しようとしなかったので、研究そっちのけで科学哲学にハマることができた。それが後年の研究に活かされたとも言える。汎求愛説は私にとって、理論と事実の関係をじっくり考え直す機会だった。

もちろん、こんな抽象的な話はすっ飛ばしてもらってもかまわない。本書を読んでくれたみなさまが、チョウやそれを取り巻く自然界に興味を持って、野山に出かけて自分で何かを感じてくれれば、望外の幸せである。

私が今日までチョウを追ってこれたのは、周囲の理解があってこそである。両親の竹内一浩、ゆかり、妹の直子、大学院時代の指導教官の今福道夫先生と動物行動学研究室のもう一人の教員だった森哲先生、その後の私の上司だった広島大学の本田計一先生、京都大学生態学研究センターの椿宜高先生、大阪府立大学の石井実先生、平井規央先生に、この場を借りて深謝する。また、共同研究者になってくれた兵庫医科大学の夏秋優さん、岡山理科大学の高崎浩幸さん、帝京科学大学の藪田慎司さん、大阪府立大学の吉村忠浩君の力がなくては、本書に出てきた研究は形にならなかった。

最後に、本書の出版に尽力してくださった、京都大学の西江仁徳さんと黒田末壽さん、京都大学学術出版会の永野祥子さんと鈴木哲也さん、本文中に素敵なイラストを描いてくれた北原里紗さんと本書のために写真を提供してくださった方々に、心からお礼申し上げる。私の主張に、汎求愛説というピッタリの名前を付けてくれたのは、黒田さんである。

本書に出てきた一連の研究は、科学研究費補助金特別研究員奨励費（19・6072）、基盤研究C（16K07523、19K06859）の助成を受けた。

[2] Takeuchi, T. Mating behavior of the Old World swallowtail, *Papilio machaon. Lepidoptera Science*, 70: 17–24, 2019.

[3] ヤーコプ，フォン，ユクスキュル・ゲオルク，クリサート／日高敏隆・羽田節子（訳）『生物から見た世界』岩波書店，2005年

[4] Takeuchi, T., Yabuta, S. & Takasaki, H. Uncertainty about flying conspecifics causes territorial contests of the Old World swallowtail, *Papilio machaon. Frontiers in Zoology*, 16: 22, 2019. doi: 10.1186/s12983-019-0324-y（オープンアクセス）

[5] Pinto, N. S. & Peixoto, P. E. C. What do we need to know to recognize a contest? *The Science of Nature*, 106: 32, 2019.

[6] Cannon, R. J. C. *Courtship and mating in butterflies.* CAB International, 2020.

［12］ 三橋渡「リュウキュウムラサキ*Hypolimnas bolina*とその共生細菌ボルバキア（*Wolbachia*）の関係でわかったこと」『やどりが』231: 12–18，2011年
［13］ Kemp, D. J. Female mating biases for bright ultraviolet iridescence in the butterfly *Eurema hecabe* (Pieridae). *Behavioral Ecology*, 19: 1–8, 2008.
［14］ コンラート，ローレンツ／日高敏隆（訳）『ソロモンの指輪』早川書房，1998年

3章

［1］ Ide, J. Diurnal and seasonal changes in the mate-locating behavior of the satyrine butterfly *Lethe diana. Ecological Research*, 19: 189–196, 2004.
［2］ Ide, J. Seasonal changes in the territorial behaviour of the satyrine butterfly *Lethe diana* are mediated by temperature. *Journal of Ethology*, 20: 71–78, 2002.
［3］ Takeuchi, T. Body morphologies shape territorial dominance in the satyrine butterfly *Lethe diana. Behavioral Ecology and Sociobiology*, 65: 1559–1566, 2011.
［4］ Takeuchi, T. Mate-locating behavior of the butterfly *Lethe diana* (Lepidoptera: Satyridae): do males diurnally or seasonally change their mating strategy? *Zoological Science*, 27: 821–825, 2010.

4章

［1］ リチャード，ドーキンス／日高敏隆・岸由二・羽田節子・垂水雄二（訳）『利己的な遺伝子 40周年記念版』紀伊國屋書店，2018年
［2］ Maynard Smith, J. & Price, G. R. The logic of animal conflict. *Nature*, 246: 15–18, 1973.
［3］ Hamilton, W. D. The genetical evolution of social behaviour I & II. *Journal of Theoretical Biology*, 7: 1–52, 1964.
［4］ Scott, J. M. Mate-locating behavior of butterflies. *American Midland Naturalist*, 91: 103–117, 1974.
［5］ Suzuki, Y. So-called territorial behaviour of the small copper, *Lycaena phlaeas daimio* Seitz (Lepidoptera, Lycaenidae). *Kontyû*, 44: 193–204, 1976.
［6］ Elwood R. W. & Arnott, G. Understanding how animals fight with Lloyd Morgan's canon. *Animal Behaviour* , 84: 1095–1102, 2012.
［7］ Takeuchi, T., Yabuta, S. & Tsubaki, Y. The erroneous courtship hypothesis: do insects really engage in aerial wars of attrition? *Biological Journal of the Linnean Society*, 118: 970–981, 2016. doi: 10.1111/bij.12770（オープンアクセス）

5章

［1］ 高崎浩幸・清家ありさ・井上愛・村上良真「モーター駆動の囮によるチョウ誘引装置のあり合わせ製作」*Butterflies*, 69: 39-47, 2015.

参考文献

1章

[1] 夏秋優・竹内剛「ギフチョウ成虫のマーキングによる行動調査」『蝶と蛾』50：216-222，1999年

[2] 夏秋優「ギフチョウ成虫の行動について」『昆虫と自然』31（5）：10-17，1996年

[3] 吉村忠浩・竹内剛・森地重博・Sliwa, A・平井規央・石井実「大阪府北部の鴻応山におけるギフチョウ個体群の現状」『蝶と蛾』66：62-67，2015年

[4] ハンク，フィッシャー／朝倉裕・南部成美（訳）『ウルフ・ウォーズ　オオカミはこうしてイエローストーンに復活した』白水社，2015年

2章

[1] 田中蕃『森の蝶・ゼフィルス』築地書館，1980年

[2] 手塚治虫「ZEPHYRUS」『週刊少年サンデー』昭和46年5月23日号，1971年

[3] Davies, N. B. Territorial defence in the speckled wood butterfly (*Pararge aegeria*): the resident always wins. *Animal Behaviour*, 26: 138-147, 1978.

[4] Wickman, P. O. & Wiklund, C. Territorial defence and its seasonal decline in the speckled wood butterfly (*Pararge aegeria*). *Animal Behaviour*, 31: 1206-1216, 1983.

[5] Stutt, A. D. & Willmer, P. Territorial defence in speckled wood butterflies: do the hottest males always win? *Animal Behaviour*, 55: 1341-1347, 1998.

[6] Kemp, D. J. Contest behavior in territorial male butterflies: does size matter? *Behavioral Ecology*, 11: 591-596, 2000.

[7] 夏秋優・森地重博「深山のゼフィルスマーキング調査結果」大阪昆虫同好会編『北摂の昆虫(2)能勢町深山とその周辺地域』35-45，1998年

[8] Takeuchi, T. & Imafuku, M. Territorial behavior of a green hairstreak *Chrysozephyrus smaragdinus* (Lepidoptera: Lycaenidae): site tenacity and wars of attrition. *Zoological Science*, 22: 989-994, 2005.

[9] Takeuchi, T. The effect of morphology and physiology on butterfly territoriality. *Behaviour*, 143: 393-403, 2006.

[10] Takeuchi, T. Matter of size or matter of residency experience? Territorial contest in a green hairstreak, *Chrysozephyrus smaragdinus* (Lepidoptera: Lycaenidae). *Ethology*, 112: 293-299, 2006.

[11] Takeuchi, T. & Honda, K. Early comers become owners: effect of residency experience on territorial contest dynamics in a lycaenid butterfly. *Ethology*, 115: 767-773, 2009.

や

ら

A - Z

た

な

は

ま

索　引

＊**太字**の数字は写真・動画の掲載ページを示す。

Profile

竹内　剛（たけうち つよし）

1999年、京都大学理学部卒業。大学院に進学して、動物の行動を研究する。大学院生の前半までは、昆虫のシーズンは各地の野山に出かけて、シーズンオフになると麻雀や将棋に入れこんだり、好きな本を読む生活を続けていた。ある時、調べていたチョウの縄張り争いを支配する仕組みに気づいてからは、ちゃんと研究して論文を書くようになる。2006年、京都大学大学院理学研究科博士課程修了（博士（理学））。その後、日本学術振興会特別研究員などを経て、現在は大阪府立大学大学院生命環境科学研究科研究員。若い頃の気ままな生活で得た知識や経験が、今の研究を支えていると信じている。2019年から、三草山ゼフィルスの森保全検討会議の副会長を務め、ゼフィルスが生息できる里山管理を実践している。2020年、「チョウの配偶競争に関する理論的研究」で第11回日本動物行動学会賞を受賞。

新・動物記 2
武器を持たないチョウの戦い方
ライバルの見えない世界で

2021 年 6 月 1 日　初版第一刷発行
2023 年 1 月 30 日　初版第二刷発行

著　者　竹内　剛

発行人　足立芳宏

発行所　京都大学学術出版会

京都市左京区吉田近衛町69番地
京都大学吉田南構内（〒606-8315）
電話　075-761-6182
FAX　075-761-6190
URL　https://www.kyoto-up.or.jp
振替　01000-8-64677

ブックデザイン・装画　森　華
印刷・製本　亜細亜印刷株式会社

ISBN 978-4-8140-0337-2　定価はカバーに表示してあります

た膨大な時間のなかに新しい発見や大胆なアイデアをつかみ取るのです。こうした動物研究者の豊かなフィールドの経験知、動物を追い求めるなかで体験した「知の軌跡」を、読者には著者とともにたどり楽しんでほしいと思っています。

最後に、本シリーズは人間の他者理解の方法にも多くの示唆を与えると期待しています。人間は他者の存在によって、自己の経験世界を拡張し、世界には異なる視点と生き方がありうると思い知ります。ふだん共にいる人でさえ「他者」の部分をもつと認識することが、互いの魅力と尊重のベースになります。動物の研究も、「他者としての動物」の生をつぶさに見つめ、自分たちと異なる存在として理解しようと試みています。そして、なにかを解明できた喜びは、ただちに新たな謎を浮上させ、さらなる関与を誘うのです。そこで異文化の人々の世界を描く手法としての「民族誌（エスノグラフィ）」になぞらえて、この動物記を「動物のエスノグラフィ（Animal Ethnography）」と位置づけようと思います。この試みが「人間にとっての他者＝動物」の理解と共生に向けた、ささやかな、しかし野心に満ちた一歩となることを願ってやみません。

シリーズ編集

黒田末壽（滋賀県立大学名誉教授）

西江仁徳（日本学術振興会特別研究員 RPD・京都大学）

来たるべき動物記によせて

「新・動物記」シリーズは、動物たちに魅せられた若者たちがその姿を追い求め、工夫と忍耐の末に行動や社会、生態を明らかにしていくドキュメンタリーです。すでに多くの動物記が書かれ、無数の読者を魅了してきた今もなお、私たちが新たな動物記を志すのには、次の理由があります。

私たちは、多くの人が動物研究の最前線を知ることで、人間と他の生物との共存についてあらためて考える機会となることを願っています。現在の地球は、さまざまな生物が相互に作用しながら何十億年もかけてつくりあげたものですが、際限のない人間活動の影響で無数の生物たちが絶滅の際に追いやられています。一方で、動物たちは、これまで考えられてきたよりはるかにすぐれた生きていく術《スキル》をもつこと、また、他の生物と複雑に支え合っていることがわかってきています。本シリーズの新たな動物像が、読者の動物との関わりをいっそう深く楽しいものにし、人間と他の生物との新たな関係を模索する一助となることを期待しています。

また、本シリーズは研究者自身による探究のドキュメントです。動物研究の営みは、対象を客観的に知るだけにとどまらない幅広く豊かなものだということも知ってほしいと願っています。動物を発見することの困難、観察の長い空白や断念、計画の失敗、孤独、将来の不安。そのなかで、研究者は現場で人々や動物たちから学び、工夫を重ね、できる限りのことをして成長していきます。そして、めざす動物との偶然のような遭遇や工夫の成果に歓喜し、無駄に思え